A AVALIAÇÃO EM EaD

Dados Internacionais de Catalogação na Publicação (CIP)

G172a Gallo, Márcia.

A avaliação em EAD / Márcia Gallo. – São Paulo, SP : Cengage, 2016.

Inclui bibliografia.

ISBN 978-85-221-2932-4

1. Ensino a distância - Aprendizagem. 2. Avaliação educacional. 3. Avaliação institucional. I. Título.

CDU 37.018.43
CDD 371.35

Índice para catálogo sistemático:

1. Ensino a distância : Aprendizagem   37.018.43

(Bibliotecária responsável: Sabrina Leal Araujo – CRB 10/1507)

A AVALIAÇÃO EM EaD

CENGAGE
Austrália • Brasil • México • Cingapura • Reino Unido • Estados Unidos

CENGAGE

A Avaliação em EaD

Conteudista: Márcia Gallo

Gerente Editorial: Noelma Brocanelli

Editoras de desenvolvimento:
Gisela Carnicelli, Regina Plascak e Salete del Guerra

Editora de Aquisição de Conteúdo:
Guacira Simonelli

Produção Editorial:
Fernanda Troeira Zuchini

Copidesque: Vania Helena L.G. Correa

Revisão: Vania Helena L. G. Correa, Vania Ricarte Lucas

Diagramação e Capa:
Marcelo A. Ventura

Imagens usadas neste livro por ordem de páginas:
Syda Productions/Shutterstock; CLS Design/Shutterstock; Gorbash Varvara/Shutterstock; gst/Shutterstock; rudall30/Shutterstock; Stefanina Hill/Shutterstock; Monkey Business Images/Shutterstock; Levranii/Shutterstock; Andresr/Shutterstock; Stephen Coburn/Shutterstock; sergign/Shutterstock; Sentavio/Shutterstock; Rawpixel/Shutterstock; zimmytws/Shutterstock; se media/Shutterstock; GaudiLab/Shutterstock; igor kisselev/Shutterstock; yod67/Shutterstock; PathDoc/Shutterstock; Rawpixel/Shutterstock; www.BillionPhotos.com/Shutterstock; Sergey Nivens/Shutterstock; Lucky Business/Shutterstock; zimmytws/Shutterstock; Gustavo Frazao/Shutterstock; Stephen Coburn/Shutterstock; Stephen Coburn/Shutterstock; iQoncept/Shutterstock; Gustavo Frazao/Shutterstock; Minerva Studio/Shutterstock; docstockmedia/Shutterstock; Gustavo Frazao/Shutterstock; kurhan/Shutterstock; kurhan/Shutterstock; photovs/Shutterstock; Andrey_Popov/Shutterstock; NakoPhotography/Shutterstock; emilie zhang/Shutterstock; Sergey Nivens/Shutterstock; Pixel Embargo/Shutterstock; LANTERIA/Shutterstock; lithian/Shutterstock; Syda Productions/Shutterstock; bikeriderlondon/Shutterstock; Bacho/Shutterstock; iQoncept/Shutterstock; goldyg/Shutterstock; venimo/Shutterstock; CandyBox Images/Shutterstock; PureSolution/Shutterstock; racorn/Shutterstock; Rawpixel/Shutterstock; Pressmaster/Shutterstock; www.BillionPhotos.com/Shutterstock; dizain/Shutterstock; Dusit/Shutterstock; Ozerina Anna/Shutterstock; VLADGRIN/Shutterstock; SK Design/Shutterstock; Syda Productions/Shutterstock; kasahasa/Shutterstock; Vaclav Mach/Shutterstock; Ismagilov/Shutterstock; Pressmaster/Shutterstock; Nomad_Soul/Shutterstock; wavebreakmedia/Shutterstock

© 2016 Cengage Learning Edições Ltda.

Todos os direitos reservados. Nenhuma parte deste livro poderá ser reproduzida, sejam quais forem os meios empregados, sem a permissão por escrito da Editora. Aos infratores aplicam-se as sanções previstas nos artigos 102, 104, 106, 107 da Lei nº 9.610, de 19 de fevereiro de 1998.

Esta editora empenhou-se em contatar os responsáveis pelos direitos autorais de todas as imagens e de outros materiais utilizados neste livro. Se porventura for constatada a omissão involuntária na identificação de algum deles, dispomo-nos a efetuar, futuramente, os possíveis acertos.

Esta editora não se responsabiliza pelo funcionamento dos links contidos neste livro que possam estar suspensos.

Para permissão de uso de material desta obra, envie seu pedido para
direitosautorais@cengage.com

© 2016 Cengage Learning Edições Ltda.
Todos os direitos reservados.

ISBN 13: 978-85-221-2932-4
ISBN 10: 85-221-2932-0

Cengage Learning Edições Ltda.
Condomínio E-Business Park
Rua Werner Siemens, 111 - Prédio 11
Torre A - Conjunto 12
Lapa de Baixo - CEP 05069-900 - São Paulo - SP
Tel.: (11) 3665-9900   Fax: 3665-9901
SAC: 0800 11 19 39

Para suas soluções de curso e aprendizado, visite
www.cengage.com.br

Impresso no Brasil
Printed in Brazil

Apresentação

Com o objetivo de atender às expectativas dos estudantes e leitores que veem o estudo como fonte inesgotável de conhecimento, esta **Série Educação** traz um conteúdo didático eficaz e de qualidade, dentro de uma roupagem criativa e arrojada, direcionado aos anseios de quem busca informação e conhecimento com o dinamismo dos dias atuais.

Em cada título da série, é possível encontrar a abordagem de temas de forma abrangente, associada a uma leitura agradável e organizada, visando facilitar o aprendizado e a memorização de cada assunto. A linguagem dialógica aproxima o estudante dos temas explorados, promovendo a interação com os assuntos tratados.

As obras são estruturadas em quatro unidades, divididas em capítulos, e neles o leitor terá acesso a recursos de aprendizagem como os tópicos *Atenção*, que o alertará sobre a importância do assunto abordado, e o *Para saber mais*, com dicas interessantíssimas de leitura complementar e curiosidades incríveis, que aprofundarão os temas abordados, além de recursos ilustrativos, que permitirão a associação de cada ponto a ser estudado.

Esperamos que você encontre nesta série a materialização de um desejo: o alcance do conhecimento de maneira objetiva, agradável, didática e eficaz.

Boa leitura!

Prefácio

Concluir se determinado processo de aprendizagem está sendo frutífero ou não quando aplicado somente será possível se este puder ser avaliado.

Na educação presencial, a avaliação é um processo comum e obrigatório e encontra como mediador o docente que, ao seu alcance, terá disponível o material utilizado em sala de aula, levando em consideração, também, a participação do aluno ao longo das ministrações das aulas e a observação da execução das tarefas.

Todavia, como é possível avaliar o aluno que faz uso do meio de educação a distância? E não é só isso! Qual será o material utilizado para esse processo avaliativo e o que deverá ser levado em consideração para que se chegue à conclusão de que as metas foram alcançadas?

A Avaliação em EAD, tema explorado em nosso material, tenta identificar as diretrizes e dificuldades do método avaliativo para esse tipo de educação.

Na Unidade 1 são repassados os conceitos basilares de avaliação e educação a distância.

A Unidade 2 leva em consideração a importância do uso de algumas ferramentas, tais como *chats*, *wikis*, trabalhos colaborativos, aplicação de rubrica e ingresso no ambiente para participação nas aulas, entre outros assuntos.

Na Unidade 3 é feita uma importante abordagem sobre a eficácia e a eficiência dos sistemas de avaliação e, finalmente, na Unidade 4 vamos tratar da importância da observância aos procedimentos de qualidade no processo de avaliação na educação a distância.

Métodos de avaliação possuem extrema importância, pois é com base neles que se mensura a eficácia do processo de aprendizagem aplicado.

Desejamos bons estudos.

UNIDADE 1
A AVALIAÇÃO DA APRENDIZAGEM EM EaD

Capítulo 1 Introdução, 10

Capítulo 2 Discutindo a Avaliação, 12

Capítulo 3 Algumas considerações sobre o sistema de avaliação da aprendizagem em EaD, 15

Capítulo 4 As abordagens da avaliação da Aprendizagem na EaD, 17

Capítulo 5 Palavras finais, 22

Glossário, 25

1. Introdução

Primeiramente, você é convidado para uma reflexão sobre o ato de avaliar, inerente ao ser humano. Para tal, parte-se de duas afirmações: a avaliação está sempre presente na vida das pessoas, nos vários contornos que essa vida assume; e a avaliação é sempre uma discussão polêmica e complexa, uma vez que, tradicionalmente, carrega a noção de julgamento, de punição.

Na primeira afirmação, a avaliação está sempre presente na vida das pessoas, pode-se observar que tanto no âmbito social quanto no cultural ou educacional encontram-se normas aceitas e que devem ser seguidas, sendo que o cumprimento de tais normas é avaliado por quem nos cerca.

Pense na sua rotina diária e procure perceber se você faz alguns julgamentos no seu dia a dia...

Frequentemente, elaboram-se julgamentos em relação à maneira que as pessoas se apresentam, ao modo como falam, como se sentam ou se alimentam. Apesar de ser necessária uma consciência crítica para que se faça uma avaliação dessa natureza, o ser humano sempre avalia, estabelecendo o seu julgamento norteado por alguns critérios. Especialmente nas instituições de ensino, há normas regulamentares voltadas ao julgamento das aprendizagens, tanto quantitativa quanto qualitativamente. A importância dessa ação se realiza quando se pensa sobre qual é o tipo de julgamento, quais aspectos devem ou podem ser julgados e quais são os critérios utilizados para esses julgamentos.

As respostas a essas perguntas darão o rumo à avaliação que se deseja empreender, tornando-a legítima ou infundada, coerente ou incoerente, justa ou injusta. A qualidade desses procedimentos irá produzir algo significativo, ou não, nesses processos.

Com relação à avaliação ser sempre uma discussão polêmica e complexa, pode-se encontrar respaldo na fala de muitos educadores que classificam a avaliação na educação não como um instrumento de diálogo que favorece a aprendizagem, mas como um mecanismo de conservação e reprodução da sociedade. Essa função pode ser atribuída ao modo autoritário com que a avaliação é desenvolvida na escolarização dos sujeitos envolvidos, desde a escola básica até a educação superior.

Você concorda que, em nossa memória, encontramos traços desses fatos ou tivemos essa experiência? Tente se lembrar de algum episódio.

Sabendo que não há como deixar de se autoavaliar, que a avaliação é inerente ao ser humano, que todo processo necessita ser avaliado para, corrigindo desvios ou erros, seguir em frente, passar à próxima etapa ou fase, o melhor que se pode fazer é procurar atribuir à avaliação um caráter mais natural, menos impositivo e colaborativo com a prática que se busca. Mais além, procura-se sanar o contraponto existente entre a fala de quem avalia, ou seja, dos professores, e sua prática, pois estes mantêm o discurso de apontar falhas no processo, mas, contraditoriamente, muitas vezes, eles próprios continuam mantendo práticas improvisadas e arbitrárias de avaliação, o que não é saudável para o processo ensino-aprendizagem.

Finalizando esta introdução, convém que se faça um passeio histórico pelas concepções de avaliação.

O conceito de avaliação sofreu significativas mudanças ao longo do tempo. SANAVRIA (2008) apresenta um quadro resumido dessa evolução, que nomeia de gerações:

- **Avaliação como medida** (décadas de 20, 30 e 40): a base para essa concepção de avaliação foi o método psicométrico influenciado por correntes **positivistas e condutistas**. A ênfase está calcada na elaboração e na aplicação de testes e na análise dos seus resultados. A avaliação é extremamente técnica e instrumental com total confiabilidade nos dados quantitativos. O papel do professor é condicionado à apresentação dos resultados ligados aos índices de reprovação, portanto, quanto maior fosse o índice de reprovação, mais exigente seria o professor.

- **Avaliação como alcance de objetivos** (décadas de 50, 60 e 70): baseada nos estudos de Ralph Tyler, nos Estados Unidos, essa concepção pretendeu diminuir o valor da mensuração e passou a ser relacionada à ideia de descrição. Tyler, considerado o "pai" da avaliação, construiu vários instrumentos, como testes, questionários, inventários e escalas de atitudes para avaliar a aprendizagem em função de objetivos propostos. Uma preocupação decorrente dessa concepção está na precisão do enunciado dos objetivos propostos. Apesar de valorizar também as entrevistas e observações como instrumentos de avaliação, Tyler considerava a avaliação como atividade final de alcance de objetivos, sem vínculo em todo o processo.

- **Avaliação como subsídio ao julgamento** (décadas de 60, 70 e 80): as atividades avaliativas vinculadas à importância do julgamento surgem a partir de 1963, por meio das ideias de Lee J. Cronbach, da Universidade de Stanford. A avaliação passa a ser encarada como uma busca de informações para subsidiar julgamentos, adotando o mérito (coerência, criatividade do trabalho e aprofundamento, por exemplo) e a relevância como essenciais, julgando as implicações, o impacto ou influência dos resultados obtidos com o trabalho desenvolvido.

- **Avaliação como negociação** (a partir da década de 80): a partir dessa década, a avaliação começa a ser vista como um processo de negociação entre os envolvidos em uma atividade. Nesse contexto, o erro passa a ser considerado algo positivo, uma vez que faz aparecer que o processo de entendimento do conteúdo se rompeu. Outras concepções que embasam a avaliação como negociação são: a ênfase no processo em si e não no resultado ou produto, a detecção de bloqueios, dificuldades e erros a serem trabalhados durante a aprendizagem do aluno e a identificação de interesses, objetivos e preocupações do professor e do aluno.

Tendo em vista tais concepções, deve-se ter em mente que não se trata de excluir uma ou outra concepção, mas, sim, de verificar que, se atualmente alcançaram-se muitas melhorias no que diz respeito aos sistemas de avaliação, elas são fruto de uma evolução da área, com erros e acertos, e vinculada ao contexto histórico, social e político de cada período.

2. Discutindo a Avaliação

Quando se fala sobre o ato de avaliar, logo vêm à mente verbos como medir, testar, provar, comprovar, conforme se apresentam nas primeiras concepções de avaliação.

O que esses verbos representam para você?
Como esses verbos traduzem a avaliação?

O conceito de avaliação evoluiu, conforme o descrito no tópico anterior, partindo do fato de que o ato de educar e o ato de avaliar eram dissociados, ou seja, eram concebidos como momentos distintos. Na segunda metade do século passado, essa visão começou a mudar em função da evolução do pensamento de teóricos, como Piaget, Vygotsky e Freire, sobre como a criança e o adulto aprendem, incluindo o diálogo e a negociação.

Uma educadora brasileira, dedicada à temática da Avaliação, Jussara Hoffmann, ressalta que, pensando na avaliação como processo de construção do conhecimento, há que se partir de duas premissas básicas: "confiança na possibilidade de os educandos construírem suas próprias verdades e valorização de suas manifestações e interesses". (1998, 20). Essas condições não eram a prática usual até meados do século XX, pois a avaliação tinha o caráter reprodutivo e punitivo e, em muitos casos, mantém esse caráter atualmente. Os exames orais eram prática comum em todos os níveis de ensino, do antigo curso primário à universidade e em alguns cursos ainda continuam a ser.

Hoffmann propõe ainda que "Avaliação é 'movimento', é ação e reflexão." (p. 61).

Numa perspectiva construtivista, a avaliação se concretiza na medida em que, ao realizar suas tarefas, o aluno reflete sobre suas hipóteses, discute entre os colegas ou pais e justifica suas alternativas diferenciadas. Nesse processo, é possível encontrar vários caminhos ou procedimentos para se chegar à resolução de um problema ou à realização de um projeto.

O que acontecia em um passado próximo era que:

- os mestres só reconheciam um caminho válido para a resolução de problemas ou projetos e o que se via como resultado eram trabalhos e propostas iguais. Se assim não fosse, não seriam considerados ou deveriam ser refeitos para chegar ao que os mestres desejavam independentemente do significado da criação para o aluno.
- havia uma prática de preenchimento de fichas de avaliação, contendo itens fechados destinados a sistematizar a observação do professor quanto às atitudes dos educandos. Traduzir essa observação em notas ou conceitos também requer do professor um exercício de reflexão mesclado com isenção para que não se cometam erros ou injustiças.

Professor mediador

Jussara Hoffmann propõe a postura do professor como mediador. Ele atua, juntamente com o aluno, buscando coordenar seus pontos de vista, trocando ideias, reorganizando-as, ou seja, há uma ação em movimento, diferentemente da ação do professor que se limita a transmitir e corrigir. Nesse processo, a autora também se reporta ao erro construtivo, aquele que vai ser analisado e remete à reorganização do saber para se transformar em um novo conceito, uma nova ideia. O **professor mediador** terá um importante papel nesse encaminhamento, na promoção de uma ação que conduza à melhoria do processo avaliativo.

PARA SABER MAIS: Vídeo 1: O professor mediador: <https://www.youtube.com/watch?v=bQWBFz7NhE0>. Acesso em: 01 abr. 2015. Assista ao vídeo e procure classificar a atuação do professor.

Em relação à aprendizagem, essa proposta tem por objetivo não somente verificar e registrar dados do desempenho escolar, mas também procura, por meio da observação permanente das manifestações de aprendizagem, proceder a uma ação educativa que otimize os percursos individuais, que seja significativa para o educando seguir em frente. O que a autora propõe é a avaliação para aprovar e promover, que leve a ações para o futuro, à frente da verificação e da classificação. Assim, a avaliação assume um papel diagnóstico sobre o que se poderá fazer, indicará caminhos para a aprendizagem significativa.

> *O que esses verbos representam para você?*
> *Como esses verbos traduzem a avaliação?*

Examinar x Avaliar

Para se destacar a característica classificatória dos exames, pode-se citar Cipriano Luckesi (2005) que faz uma distinção entre o "ato de examinar" e o "ato de avaliar". Para o autor, as diferenças baseiam-se em vários aspectos, entre eles, o ato de examinar, que classifica os educandos em aprovados ou reprovados, de acordo com uma escala de notas, com consequências definitivas para sua vida. Ao contrário, ao ato de avaliar é construtivo e inclusivo e, nele, "interessa o que estava acontecendo antes, o que está acontecendo agora e o que acontecerá depois com o educando", como ressalta Luckesi, interessando não só a sua aprovação ou reprovação, mas as possibilidades de crescimento após uma tomada de decisão para a melhoria.

> *PARA SABER MAIS: sobre as diferenças entre examinar e avaliar segundo Luckesi: <http://www.luckesi.com.br/textos/art_avaliacao/art_avaliacao_entrev_paulo_camargo2005.pdf>.*

> *O que esses verbos representam para você?*
> *Como esses verbos traduzem a avaliação?*

Os estudos paralelos de recuperação mediados pelo professor são altamente indicados, uma vez que são direcionados ao futuro, propondo desafios gradativos e tarefas articuladas e complementares às etapas anteriores, como propõe Hoffmann, sem deixar de incluir as responsabilidades da escola e das famílias.

3. Algumas considerações sobre o sistema de avaliação da aprendizagem em EaD

Ao dar início a este tópico, é importante que se chame a atenção para o Artigo 1º do Decreto Nº 5.622/2005, do MEC, que define a Educação a Distância:

> Para os fins deste Decreto, caracteriza-se a educação a distância como modalidade educacional na qual a mediação didático-pedagógica nos processos de ensino e aprendizagem ocorre com a utilização de meios e tecnologias de informação e comunicação, com estudantes e professores desenvolvendo atividades educativas em lugares ou tempos diversos. http://www.planalto.gov.br/ccivil_03/_Ato2004-2006/2005/Decreto/D5622.htm

Encontra-se, nesse artigo, a indicação da mediação didático-pedagógica citada no tópico anterior quando se tratou do professor mediador, com a diferença de que os lugares e tempos são diversos. Dessa forma, a avaliação é um dos fundamentos da EaD, assim como o apresentado para a educação em geral, com seus objetivos e importância, ou seja, para a modalidade presencial ou para a EaD, a aprendizagem não se resume somente a controle, mas abrange o acompanhamento do processo para poder intervir e reorganizá-lo, caso seja necessário.

O sistema de avaliação na EaD

O sistema de avaliação é responsável por oferecer informações sobre os alunos com o objetivo de estabelecer quais estão aptos a seguir em frente e quais deverão reorganizar suas atividades para aprendizagem.

O sistema de avaliação pode ser pensado sob duas perspectivas: a pedagógica e a administrativa.

No âmbito da perspectiva pedagógica, o sistema de avaliação deve incluir os objetivos do curso, suas atividades avaliativas e a aplicação dessas atividades ou instrumentos que serão definidos no projeto pedagógico do curso. Cortelazzo (2010) exemplifica essa construção: "os instrumentos de avaliação são definidos como elementos componentes de uma unidade consoantes com a prática pedagógica da teleaula, com o material didático de apoio e com a atuação da tutoria" (p.150).

Ainda como parte da concepção pedagógica, a autora afirma que a elaboração dos instrumentos deve se dar ao longo da preparação do material didático e sua realização se dá ao longo de cada unidade. Nesse modelo, os resultados da avaliação precisam voltar para a coordenação do curso, que se encarregará de compartilhar com a equipe de EaD, com o objetivo de sinalizar para a melhoria do curso e do próprio sistema de avaliação.

Na perspectiva administrativa, conforme Cortelazzo, o sistema de avaliação é previsto no calendário escolar e é composto por quatro momentos que se completam:

- a preparação para a realização das atividades de avaliação;
- a realização propriamente dita das atividades de avaliação;
- a correção das atividades, com a sistematização dos resultados;
- a divulgação dos resultados e a apresentação de alternativas legais de regulação da aprendizagem e aprovação.

A preparação para a realização das atividades necessita do envolvimento de todos os professores que, antes do início de cada unidade, procuram verificar os objetivos e elaborar roteiros para sua própria orientação no desenvolvimento e na integração dos temas das aulas. Um cuidado especial diz respeito aos instrumentos de avaliação, que serão estudados na Unidade II, pois estes devem estar de acordo com a disciplina que foi oferecida.

Quanto à coordenação do curso, esta tem como atribuição supervisionar a realização das atividades de avaliação e orientar as ações dos diversos setores, com o objetivo de o processo não interferir nos resultados da avaliação da aprendizagem.

Também são atribuições da coordenação:

- cuidados com o material didático impresso e virtual nos quais devem constar as atividades de autoavaliação, as recomendações de leitura e as atividades de aprendizagem;
- orientações claras e objetivas para a realização das atividades;
- disponibilização dos temas para a elaboração do trabalho escrito no primeiro dia de aula;
- cumprimento do calendário da revisão e impressão das provas finais e envio aos polos de apoio presencial.

Por fim, as avaliações devem constar do cronograma publicado e as devolutivas devem chegar até os alunos nos prazos indicados. Os resultados devem ser sistematizados pela coordenação que, juntamente à equipe de EaD, deverão utilizá-los para favorecer os alunos por meio de ações de replanejamento, reorganização e reavaliação.

Conclusão

- No sistema de avaliação em EaD, há atribuições diretamente ligadas aos coordenadores, que são de ordem mais burocrática do que pedagógica, mas interferem enormemente na prática do professor.
- Todas as ações elencadas acima, que constituem o sistema de avaliação, dizem respeito a toda a equipe sob a orientação dos coordenadores e tanto as questões pedagógicas quanto as administrativas, quando encaminhadas de forma coerente e conjunta, beneficiarão os alunos, em primeiro lugar, e a todos os envolvidos.

4. As abordagens da avaliação da Aprendizagem na EaD

Na Educação a distância, o processo da avaliação é estendido não só à avaliação da aprendizagem, mas à avaliação do curso e à avaliação da modalidade.

Este tópico trata da avaliação da aprendizagem.

Na Educação a Distância, há tempos e lugares diferentes do ensino presencial. Como nos indica Iolanda Cortelazzo (2010), o professor-autor/regente não está próximo aos alunos, portanto, as atividades de avaliação precisam ser variadas e o tutor precisa ter uma interlocução com os professores e com a equipe de EaD. Essa interlocução se faz necessária para a determinação das responsabilidades de cada um no processo, de forma coerente.

Outra condição especial é o grande número de alunos sob a responsabilidade de um tutor cuja turma apresenta, especialmente na educação superior a distância, diversidade cultural, étnica, racial e de gênero.

- O cuidado deve ser com relação ao desenvolvimento de educação superior a distância inclusiva, tal como na presencial, que não seja excludente. Cortelazzo afirma que a exclusão não significa que o aluno vai ser deixado de lado, mas que a educação a ele oferecida é pouco rigorosa. É aquela *"cuja avaliação pode ser paternalista, pois, embora desse modo a instituição certifique o aluno, este ao participar dos processos seletivos do mercado de trabalho não consegue competir com os egressos de outras instituições"*. (p. 149)

Essa é uma maneira perversa de tratar o aluno, pois, apesar de ele ter custeado seu curso e dispendido seu tempo e dedicação às aulas, não terá o retorno esperado, segundo suas expectativas, com relação à prática quando se voltar ao mercado de trabalho.

Para a instituição promover uma educação para a inclusão social, Cortelazzo destaca dois tipos de avaliação: a formativa e a somativa. No entanto, há autores que tratam também da avaliação diagnóstica.

- A **avaliação diagnóstica**, antes da entrada do aluno, antes do início do curso, segundo Mattar (2012), é essencial para se conhecer o aluno como pessoa, além simplesmente de seu nome e foto constantes do ambiente virtual. Abriga também outros objetivos, como a proposta de mensurar o domínio dos pré-requisitos de entrada no curso, ou seja, as "habilidades que o aluno deveria ter para participar adequadamente do processo de aprendizagem." (p.138). A aplicação de testes poderá coletar os dados importantes para determinar o nível de conhecimento dos alunos em relação àquilo que será trabalhado no curso. Apesar de ter caráter inicial, seria bom que fossem aplicados no início de cada unidade ou etapa.

- A **avaliação formativa** é planejada e rigorosa, é aquela que cumpre objetivos práticos além de teóricos, promovendo o redirecionamento dos estudos e atividades, se necessário. Assemelhando-se à avaliação construtiva, ela acompanha o processo desde o diagnóstico, procurando acompanhar o aluno em seu desempenho. Quanto maior o número de atividades e de diferentes tipos, mais justa será a avaliação para o aluno.

- A **avaliação somativa** é o tipo de avaliação pontual e destina-se a medir o que já foi aprendido, complementando a avaliação formativa. Trata-se de uma avaliação com caráter finalista, ou seja, não permite reflexões, mas é necessária.

Para que essas abordagens se efetivem, Cortelazzo enumera algumas etapas:

- o diagnóstico (levantamento dos sucessos, das fraquezas e das especificidades);
- a orientação (superação de limites, realização de expectativas);
- a **retroalimentação** (retomada do que não foi bem compreendido ou assimilado). "Com os dados obtidos, alunos, professores, tutores e coordenadores podem fazer um replanejamento do curso (cada um em seu nível de atuação)". (p. 155) Aí está o "movimento" destacado por Hoffmann no tópico 2.

Há estudos que sugerem a avaliação somativa intermediária além da inicial e da final, pois, considerando um grupo menor de conteúdos, os resultados produzidos serão mais diretos, menos generalizáveis. Sanavria (2008) conclui que, algumas vezes, a avaliação somativa acaba por assumir um caráter formativo, uma vez que os ajustes necessários não devem deixar de ser feitos.

Pensar na avaliação como um processo pode levar à maior conscientização quanto aos estudos? Por quê?

A autora indica também a necessidade de os programas de EaD serem avaliados pela somatória de dois momentos, o da entrada do aluno e o momento de sua inserção no mercado de trabalho que, apesar de pontuais, podem vir a oferecer subsídios de como o processo ensino-aprendizagem se desenvolveu.

A autoavaliação é outra possibilidade, sendo que o aluno precisa aprender a se autoavaliar e a ter consciência do seu aprendizado. Em caso negativo, precisa verificar o porquê do mau desempenho e ir em busca de uma solução para a situação, uma vez que é um jovem ou adulto autônomo, ou seja, o aluno nessa condição precisa ser proativo e não esperar ser reprovado pela instituição.

É uma prática fácil para o estudante conhecer suas reais dificuldades ou pontos fracos quanto aos estudos e à realização de avaliações?

Partindo das observações acima, ao definir o seu processo de avaliação, a instituição deverá sistematizar um rumo para que a avaliação atenda aos objetivos propostos. Quando se tratar de educação superior na modalidade a distância, o pressuposto é que os alunos sejam indivíduos adultos e autônomos, portanto responsáveis por suas ações. Nesse sentido, os alunos devem ser "bem orientados e esclarecidos sobre o sistema de avaliação de aprendizagem ao qual estão submetidos, poderão colaborar com seu próprio acompanhamento e buscar orientação sempre que necessitarem". Cortelazzo, 2010:150.

Esta foto nos mostra a face de uma pessoa com algo que a preocupa. Pode ser um problema ou uma decisão tanto externos quanto internos a ela. Pensando na avaliação, avaliar o outro é mais fácil do que avaliar a nós mesmos. Você concorda com esta afirmação?

Para Cortelazzo, a autoavaliação, a coavaliação e a heteroavaliação são três momentos que se complementam, promovendo o desenvolvimento da avaliação da aprendizagem no ensino superior de forma alternativa, mescladas com a avaliação do professor.

Diferentemente da autoavaliação, na coavaliação, os membros de sua equipe, do seu grupo ou de sua turma se avaliam uns aos outros em conjunto. No caso da heteroavaliação, no entanto, outras pessoas que não as do grupo aplicam instrumentos de avaliação para diagnosticar, mensurar e ponderar a aprendizagem, ou seja, colegas, professores, tutores e os sistemas oficiais.

PARA SABER MAIS: sobre os tipos de avaliação acima, assista ao vídeo do Prof. João Mattar: <https://www.youtube.com/watch?v=IHL6hvllCJU>. Acesso em: 01 de abr. 2015.

Yolanda Cortelazzo orienta para que sejam marcados momentos necessários e indispensáveis no processo de avaliação da aprendizagem. Para cada unidade temática, módulo ou etapa devem se suceder as ações de avaliação, como segue, esquematicamente:

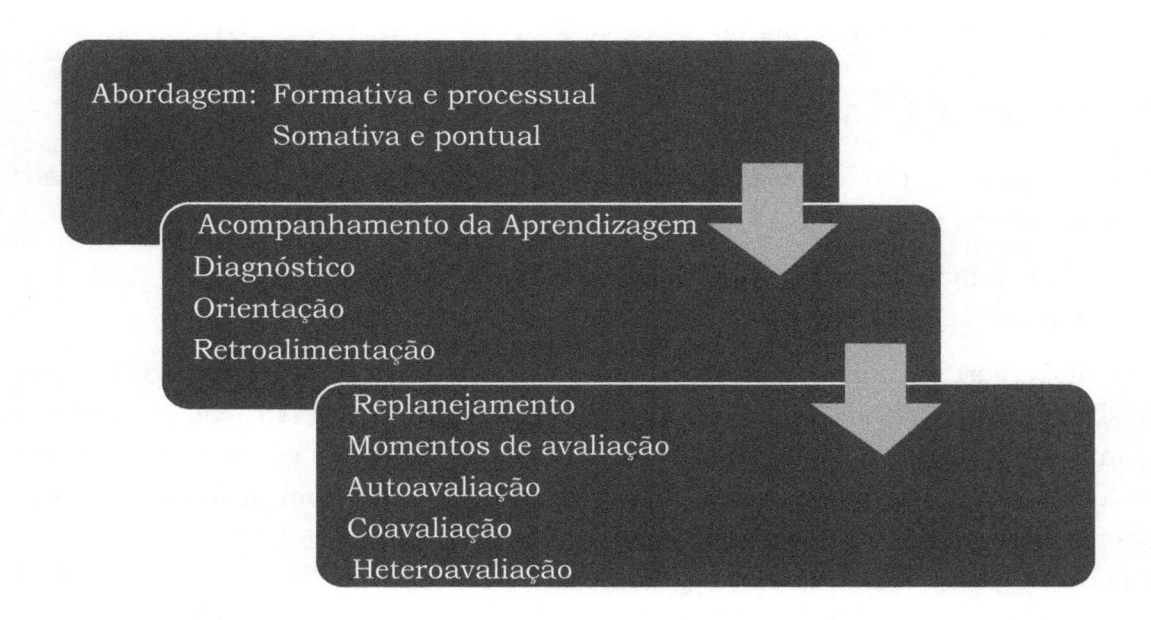

- Abordagem: Formativa e processual
  Somativa e pontual
- Acompanhamento da Aprendizagem
  Diagnóstico
  Orientação
  Retroalimentação
- Replanejamento
  Momentos de avaliação
  Autoavaliação
  Coavaliação
  Heteroavaliação

Para que esses passos sejam aplicados e garantam segurança aos alunos, há necessidade de a dimensão administrativa do sistema de avaliação cumprir suas tarefas, uma vez que as orientações e resultados devem ser conhecidos no momento propício para que os alunos possam cumprir a sua parte. Se, por alguma interferência, essas ações não forem realizadas a contento, poderão afetar a dimensão pedagógica, acarretando prejuízo aos alunos. Uma dessas consequências negativas diz respeito ao fato de os alunos não receberem o **feedback** a tempo de se reorganizarem e se prepararem para a próxima unidade, o que poderia afetar o seu desempenho.

- Importante também prestar atenção à frequência das avaliações, pois é essencial para determinar os modelos dos projetos que serão desenvolvidos.

Maia e Mattar (2007) afirmam que as propostas de avaliações contínuas são soluções interessantes. Nessas propostas, os alunos são avaliados do começo ao fim do curso, por sua participação em todas as atividades e não apenas por uma ou outra prova em datas determinadas. Outra sugestão dos autores são as avaliações cruzadas, nas quais os alunos e os grupos trocam e comentam os trabalhos dos uns dos outros, o que corresponderia à coavaliação.

Caberá ao coordenador do curso e à sua equipe refletir e decidir quanto à frequência de utilização dos tipos básicos de avaliação citados, em conformidade com o modelo de projeto do curso planejado, com base nos objetivos e nos dados do agrupamento das turmas.

5. Palavras finais

Neste tópico, serão apresentadas algumas contribuições para a avaliação, consideradas importantes na operacionalização do processo.

- Com relação aos alunos, são elencadas duas condições para a avaliação positiva: o diálogo e a **autonomia**.

O diálogo corresponde a um tipo de interatividade pela qual haverá resultados positivos e intencionais das partes envolvidas, buscando a construção de objetivos comuns. Segundo Michael Moore, o diálogo deve sempre ser voltado para o aperfeiçoamento da compreensão por parte do aluno. Contar com meios que favoreçam a boa interação é necessário, mas não é suficiente para a ocorrência do diálogo. Será necessário contar, além da predisposição psicológica dos participantes, com a quantidade adequada de alunos por professor e com oportunidades para participação, pois estas comporão a avaliação.

O diálogo aberto e contínuo entre tutor e alunos poderá favorecer a correção de rumos na aprendizagem, com vistas a uma avaliação mais segura.

Quanto à autonomia, é muito desejável que esteja presente no aluno. Segundo Romero Tori (2010), há uma relação direta entre a estruturação do curso e a autonomia dos alunos. O curso cuja estrutura é baseada em estratégias comportamentalistas, desenvolvidas por meio de mecanismos de instrução programada, com controle rígido do processo ensino-aprendizagem, pelo professor, oferece pouca autonomia ao aluno. As abordagens mais dialógicas, menos estruturadas, no entanto, conferem maior autonomia ao aluno.

Tendo como referência a qualidade e o grau de diálogo e autonomia que se pretende pode-se pensar o processo de avaliação de maneira a contemplar o tipo de estrutura em que o curso foi concebido.

- Com relação ao professor/tutor, parte-se do pressuposto de que a avaliação não é neutra, ou seja, traz embutidos critérios subjetivos inerentes à experiência que avalia.

Antonio Carlos Gil (2006) ressalta que a avaliação conduz a injustiças, principalmente nos cursos superiores, uma vez que os professores gozam de ampla liberdade de avaliação. Os indícios práticos dessa afirmação podem ser encontrados quando um professor elabora a mesma prova para turmas de períodos diferentes e clientelas diferentes, estabelecendo o nível da prova de modo a não reter os mais fracos, ou quando a prova consiste em uma ou duas questões visando ao menor trabalho de correção. Esses cuidados devem ser tomados na busca de uma avaliação mais justa, condição já citada no tópico 4.

Gil também afirma que os professores podem avaliar bem os estudantes, apesar do problema sério que tem sido a utilização de critérios subjetivos de avaliação pelos primeiros. O autor acrescenta que a objetividade absoluta talvez seja impossível, mas o professor/tutor consegue controlar sua subjetividade por meio de exames/provas tecnicamente elaborados. *"As provas objetivas e a avaliação feita por mais de um professor são alguns exemplos de procedimentos que ampliam o grau de objetividade das avaliações."* (p.245)

Apesar de considerar alguns aspectos negativos na avaliação, o autor afirma que a avaliação deve ser compreendida como elemento necessário para que o direito de aprender se efetive da melhor maneira possível.

- Com relação ao professor/tutor e aos alunos: Hoffmann acrescenta que as tarefas avaliativas são instrumentos de dupla função para professores e alunos.

Para o professor, elas funcionam como um elemento de reflexão sobre o conhecimento dos alunos e também como elemento de reflexão sobre o sentido da ação pedagógica, ou seja, o que está sendo avaliado é o processo ensino-aprendizagem, envolvendo também a atuação do professor.

Para o aluno, as tarefas avaliativas representam a "oportunidade de reorganização e expressão de conhecimentos, como também um elemento de reflexão sobre os conhecimentos construídos e procedimentos de aprendizagem". (p. 112)

Quando o professor está mediando a aprendizagem, significa que sua ação irá promover a tomada de consciência do aluno sobre os limites e as possibilidades no processo de conhecimento. Para tanto, Hoffmann assegura que haverá a necessidade de o professor/tutor tomar consciência sobre a importância do diálogo permanente nessa direção.

O processo avaliativo, por tudo o que foi abordado nesta unidade, pode ser classificado como sendo a mais difícil etapa de todo o processo ensino-aprendizagem, por sua importância e pelo envolvimento de todos, por sua característica reflexiva adotada nas últimas décadas e por sua responsabilidade de futuro determinando os passos que deverão ser tomados.

Na Unidade II, serão abordados os instrumentos adequados para a operacionalização do processo ensino-aprendizagem em EaD.

Glossário – Unidade 1

Autonomia – Na concepção de Paulo Freire, autonomia é um processo gradativo de amadurecimento, que ocorre durante toda a vida, propiciando ao indivíduo a capacidade de decidir e, ao mesmo tempo, de arcar com as consequências dessa decisão, assumindo, portanto, responsabilidades (Vasconcelos e Brito, 2006:49).

Feedback – Palavra inglesa que significa regeneração, retorno de algo, alguma informação ou suprimento.

Positivistas e condutistas – Positivistas são os seguidores das doutrinas do filósofo francês Auguste Comte (1798-1857), o Positivismo, que estudava os fenômenos sociais por meio de uma metodologia cientificista. As ideias de percepção humanas são baseadas na observação, na exatidão, deixando de lado teorias e especulações da Teologia e da Metafísica. Para o Positivismo, as ciências positivistas são a Matemática, a Física, a Astronomia, a Química, a Biologia e a Sociologia.

Condutistas são os adeptos da indução, da condução, do direcionamento não permitindo interferências. Tanto os positivistas quanto os condutistas são sinônimos de pessoas ou tendências e maneiras organizadas de forma a não permitir flexibilidade, uma condição negativa para a educação.

Professor mediador – É a figura do professor presente na dimensão do ato de ensinar, que privilegia a interação professor-aluno e que tem se tornado mais dinâmica nos últimos anos. "O professor tem deixado de ser um mero transmissor de conhecimentos para ser mais um orientador, um estimulador de todos os processos que levam os alunos a construírem seus conceitos, valores, atitudes e habilidades que lhes permitam crescer como pessoas, como cidadãos e futuros trabalhadores, desempenhando uma influência verdadeiramente construtiva". (Udemo)

Retroalimentação – É um conceito da Eletrônica que, na Educação, tem o sentido de trazer novas informações após a avaliação, para alimentar o prosseguimento da aprendizagem. É o mesmo que realimentação ou *feedback*.

UNIDADE 2
AS CARACTERÍSTICAS DOS INSTRUMENTOS DE AVALIAÇÃO DA APRENDIZAGEM EM EaD

Capítulo 1 Introdução, 28

Capítulo 2 A avaliação na entrada do aluno: o diagnóstico, 29

Capítulo 3 Alguns instrumentos e estratégias para a avaliação formativa, 31

Capítulo 4 Alguns instrumentos e estratégias para a avaliação somativa, 35

Capítulo 5 Instrumentos na avaliação em grupos, 36

Capítulo 6 Palavras finais, 39

Glossário, 43

1. Introdução

Na Unidade I, foi possível compreender a importância da avaliação da aprendizagem nos cursos de Educação a Distância e suas peculiaridades.

O Decreto nº 5622/2005, em seu Artigo 4º, determina que a avaliação dos cursos a distância seja realizada por meio do cumprimento das atividades programadas e pela realização de exames presenciais. Esses exames devem ser elaborados pela própria instituição de ensino, segundo os procedimentos e critérios definidos no projeto pedagógico do curso ou programa, sendo que deverão prevalecer sobre os demais resultados obtidos pelo aluno em quaisquer outras formas de avaliação a distância.

Assim, os **princípios** e modelos da educação tradicional, presenciais, são utilizados na avaliação em EaD juntamente aos de instrumentos com características virtuais.

- Conforme o estudado na Unidade I, para que a avaliação se concretize, será necessário partir da avaliação diagnóstica, desenvolver o processo contínuo da **avaliação formativa** e incluir a **avaliação somativa** ao final do período. Complementando essas avaliações, professores e alunos poderão contar com a contribuição da autoavaliação, da coavaliação e da heteroavaliação, que são processos bastante participativos, para compor o processo avaliativo.

- A avaliação deve estar em consonância com o projeto pedagógico do curso, deve considerar se há tutoria ou não e se existe tutoria presencial. Deve preocupar-se com as adequações às tecnologias de informação e comunicação utilizadas, o **AVA** e suas ferramentas avaliativas, além de outras características que podem ser particulares de cada projeto e instituição.

- Por se tratar de uma modalidade na qual o processo de construção de conhecimento pelo aluno ocorre por meio de várias interações, tanto do aluno com o material quanto do aluno com o professor/tutor e do aluno com outros alunos, deve haver uma seleção dos instrumentos de avaliação, planejados para que sejam capazes de perceber essa **dialogicidade** envolvida.

- Pode-se resumir a avaliação em EaD por três caminhos distintos, segundo Maia et al.(2005):

    a) A **avaliação presencial** requerida por lei e feita por meio de uma prova, com o acompanhamento do professor/tutor e dia e hora para ser aplicada.

    b) A **avaliação a distância com aplicação de testes on-line**, na qual os testes on-line são respondidos pelo aluno e enviados posteriormente a um formador por e-mail ou formulário de envio. O aluno pode escolher o tempo e o lugar para realizar essa tarefa, sempre havendo datas limites para a entrega do teste.

    c) A **avaliação ao longo do curso** (contínua), em que as atividades avaliativas vão se sucedendo de modo contínuo, baseadas em componentes que forneçam subsídios para o professor avaliar seus alunos de modo processual. O processo se encerra com atividades realizadas, comentários postados, participações em grupos de discussão e em *chats*, mensagens postadas no correio etc.

Além das direções apontadas, Mattar (2012) afirma que a elaboração dos instrumentos de avaliação deve estar nas mãos do professor que efetivamente atuará com os alunos e não nas de um *designer* instrucional ou um autor. Essa afirmação se explica pelo fato de que o professor de EaD deve participar ativamente do **design** da avaliação, mesmo sendo realizado em colaboração, por uma equipe, pois, ao invés de ser obrigado a seguir cegamente o que lhe é proposto, o professor/tutor poderá ter liberdade para modificar os instrumentos e as atividades de avaliação durante o próprio curso. O ideal no processo seria o equilíbrio entre o planejamento e a improvisação. Em uma proposta inovadora, o professor/tutor poderia até contar com a participação dos alunos na programação dessas atividades.

Os instrumentos poderão ser encontrados com algumas diferenças nas várias plataformas, cada qual com sua especificidade e objetivo.

Nesta unidade, o percurso a ser seguido os levará a visitar os instrumentos de avaliação da aprendizagem em EaD mais utilizados e presentes nas diferentes plataformas, e a conhecer suas características e objetivos específicos, buscando oferecer contribuições à prática do processo. O momento de entrada dos alunos no curso marcará o início dessa visita. Em seguida, serão abordados os instrumentos de avaliação individual e em grupo, procurando indicar a propriedade de cada um deles para os diferentes momentos do curso.

2. A avaliação na entrada do aluno: o diagnóstico

É essencial conhecer os alunos de EaD para torná-los seres concretos, retirando-os da impessoalidade que, por vezes, predomina nos cursos ministrados em ambientes virtuais. Esse aluno tem que representar algo mais do que um nome e uma foto, pois as relações devem ser especialmente interativas. Certamente, haverá a oportunidade de conhecer melhor os alunos durante o processo de ensino e aprendizagem, mas quanto mais informações se obtiver antes do início do curso mais dados serão aproveitados no planejamento das atividades.

Outro objetivo dessa avaliação diagnóstica diz respeito a fazer um levantamento dos conhecimentos prévios que o aluno já tem a respeito dos temas que serão abordados durante o curso. Algumas ênfases poderão ser dadas pelo professor para suprir possíveis lacunas apresentadas pelo aluno.

Em que pese o material didático a ser utilizado já estar impresso, previamente elaborado, isso não significa que, ao longo do processo, não se possa fazer nenhuma interferência. Essa interferência pode ser feita por meio da inserção de um *link*, de um vídeo, de uma *web* conferência ou de discussões sobre os conteúdos nos fóruns, por exemplo. Na prática, o planejamento deve ser flexível, deixando espaço para essas adequações indicadas por meio dos dados da avaliação diagnóstica.

O Questionário de Estilos de Aprendizagem

A aplicação de questionários específicos para o diagnóstico produz resultados importantes, inclusive para a própria reflexão do aluno, informando-o sobre o contexto de sua aprendizagem e como pode melhorar seus estudos, comparando seus resultados com os dos colegas.

Como exemplo de questionário diagnóstico que pode ser aplicado, encontram-se as sugestões do Prof. João Mattar: o Questionário Honey-Alonso de Estilos de Aprendizagem e o Questionário VARQ (p. 138).

Uma adaptação do primeiro questionário foi realizada pelo Laboratório de Novas Tecnologias aplicadas à Educação – LANTEC – da Faculdade de Educação da UNICAMP. Nesse modelo de questionário, há 80 itens que podem ser respondidos pelos alunos para auxiliar professor/tutor e alunos a se conhecerem com relação ao processo que estará se desenvolvendo. Os quesitos do questionário não têm respostas certas ou erradas, mas próprias. Elas devem ser anotadas para calcular o estilo de aprendizagem de cada aluno. Seguem exemplos de itens do questionário:

( ) "Muitas vezes resolvo problemas metodicamente, passo a passo."

( ) "Quando escuto uma nova ideia, em seguida, começo a pensar como colocá-la em prática."

( ) "Escuto com mais frequência do que falo."

( ) "Em uma discussão, não gosto de rodeios."

> **PARA SABER MAIS:** sobre o Questionário de Estilos de Aprendizagem: <http://www.lantec.fe.unicamp.br/questionario>.Acesso em: 7 de abr. 2015.

Dessa forma, de posse dos indicadores do seu estilo de aprendizagem, o aluno poderá identificar a que **habilidades** ou **valores** deverá se dedicar mais durante o curso. Da parte do professor/tutor, essas informações contribuirão na verificação do nível de atenção e acompanhamento a ser dedicado ao aluno.

Testes de habilidades de entrada e pré-testes

Segundo Mattar (2012), baseando-se nos estudos de Dick, Carey e Carey (2009), os testes de habilidades têm como proposta "mensurar o domínio dos pré-requisitos de entrada do curso, ou seja, habilidades que o aluno deveria ter para participar adequadamente do processo de aprendizagem" (p.138).

Caso haja alunos que não possuam essas habilidades, estes poderão apresentar grande dificuldade. Esse dado proporcionará a oportunidade de revisar o curso, alterando o seu *design*, evitando grandes defasagens. Essas interferências poderão ocorrer ao longo do curso, como já tratado na Unidade I.

Com relação aos objetivos dos pré-testes, encontramos uma diferença, pois o que se pretende é mensurar, não o domínio sobre os pré-requisitos da disciplina, mas, sim, o nível de conhecimento dos alunos em relação àquilo que será trabalhado no curso. Os resultados também são importantes, uma vez que poderão identificar algum conteúdo que já foi dominado pelo aluno.

Os dois tipos de testes podem ser aplicados em um único instrumento, apesar dos objetivos distintos. Os testes de aprendizagem servem para verificar se os alunos estão prontos para começar a aprendizagem; já os pré-testes verificam se o *design* do curso está adequado aos alunos.

3. Alguns instrumentos e estratégias para a avaliação formativa

A avaliação formativa é contínua e considera toda a produção dos alunos em um determinado período. Trata-se da avaliação baseada em princípios construtivistas, ou seja, importa mais como os alunos se desenvolvem ao estudar o tema, do que propriamente o resultado que obtiverem. Assim, serão necessários instrumentos específicos, que possibilitem aos alunos demonstrar suas aquisições ou dúvidas e ao professor/tutor avaliar seus alunos. Antes de selecionar os tipos de instrumentos que serão utilizados, é necessário conhecê-los, verificando suas possibilidades de uso. A partir desse conhecimento, é possível verificar se eles se adequam aos objetivos da avaliação.

A seguir, são apresentados os instrumentos importantes para essa etapa do processo de ensino-aprendizagem em ambientes virtuais.

a) **Exercícios e questionários**: Para os exercícios, encontramos vários tipos de questões: ordenação, preenchimento de espaços em branco, respostas curtas ou reações mais longas, podendo variar ainda cada um dos tipos de exercícios. Os exercícios ou testes vão formar os questionários. O professor poderá compor um banco de questões durante um tempo para, quando necessitar, selecionar as questões que interessam na elaboração de cada teste.

Mattar, 2012, indica que, após algumas variáveis gerais serem configuradas para utilizar o questionário como ferramenta adequada aos objetivos, tais como tempo de realização, número de tentativas, ordem das perguntas, método de avaliação e possibilidades de retorno para realizar a atividade, será permitido inserir as perguntas que se pretende.

O autor oferece algumas opções de questões, como segue:

- **Múltipla escolha**: esta é a opção mais utilizada, tanto na EaD quanto no ensino presencial. Neste tipo de questão, é possível fazer uma escolha restrita a uma resposta única ou a mais de uma resposta.

- **Verdadeiro ou falso**: assinalar (V) ou (F) é uma forma de responder, a única desvantagem, porém, é que o aluno tem sempre 50% de chance de acertar. Dessa forma, os acertos podem não ser confiáveis.

- **Associação**: é realizada entre colunas, uma forma bastante utilizada, não apenas em EaD.

- **Dissertação**: é um tipo de "questão aberta que o sistema não avalia, apenas o professor, com a possibilidade de o sistema retornar um *feedback* geral após a resposta, igual para todos os alunos, que podem, por exemplo, desenvolver um pouco mais o tema proposto" (Mattar, p. 145).

PARA SABER MAIS: sobre outros tipos de questões: MATTAR, JOÃO. Tutoria e Interação em EaD, páginas 144-145.

Por tratar-se de uma **ferramenta assíncrona**, o questionário pode ser realizado no momento em que o aluno desejar e, por isso, é bastante utilizado na EaD.

b) **Atividades**: as várias plataformas permitem a elaboração de atividades, podendo incluir apresentações e arquivos de diversos formatos, também com a colocação de questões. Configurar essas atividades não é tão simples quanto um questionário, pois envolve vários parâmetros e fases, mas é possível ao professor, utilizando as opções de cada plataforma, preparar atividades interessantes e indicadas para o seu grupo de alunos.

c) **Produção de aprendizagem**: Cortelazzo (2010) sugere esse tipo de instrumento que é uma atividade a ser realizada por dois alunos da mesma equipe, tendo como base o que foi aprendido em aula, nas leituras de aprofundamento, nas atividades supervisionadas e na elaboração do portfólio. Os dois alunos interagem e organizam a produção de aprendizagem, a partir de um tema escolhido pelos professores antes do início do curso. Assim, uma equipe de quatro alunos desdobra-se com duas produções de aprendizagens com enfoques diferenciados, pois, entre dois alunos, a colaboração, quando crítica, de respeito, com argumentação e consenso, passa a ser uma produção de conhecimento reelaborada. O texto dessa produção deve ter um limite mínimo e máximo de páginas, constituindo-se em uma síntese colaborativa da aprendizagem dos dois alunos.

d) **Portfólio**: Bastante conhecido e utilizado nos processos de avaliação presencial, o portfólio pode ser definido como "uma coleção seletiva de itens que revelam, conforme o processo, a reflexão sobre os diferentes aspectos do crescimento e do desenvolvimento de cada aluno ou de cada grupo de alunos." Varella e Sbrussi, (p. 115-116).

O portfólio é uma modalidade emprestada do campo das artes, que ganhou espaço no âmbito escolar e universitário. No modelo on-line, o portfólio recebe a denominação de *webfólio*, *e-portfólio* ou portfólio digital, auxiliando no desenvolvimento e no acompanhamento das atividades. Pode ser elaborado a qualquer hora e em qualquer lugar com acesso à internet.

Trata-se de um importante recurso de registro, pois compõe um processo de construção definido por um período, uma disciplina, um semestre ou um curso, com acompanhamento desde o início e não apenas até o final do período.

O *webfólio* permite utilizar várias linguagens, verbal e não verbal: texto, imagem estática ou em movimento, áudio, figura, vídeo, música. Para tanto, há necessidade da adoção de uma metodologia que exija sistematização de conduta, ou seja, atenção e aplicação no processo de construção do instrumento.

Ao ser construído, o portfólio requer um título e uma apresentação que sirvam de orientação para o leitor sobre o que encontrará. "As linguagens e os materiais utilizados no portfólio são livres, desde que coerentes com seu conteúdo." (Varella e Sbrussi, p. 116).

Tendo por base a constatação de que o conhecimento é tido como um alvo móvel, em qualquer campo, pode-se classificar o portfólio eletrônico do aluno como um componente que estaria superando o livro, como elemento de organização mais útil, por se caracterizar como "espaço de organização dinâmico em um processo de conhecimento dinâmico, em que a construção do conhecimento e a pesquisa são muito mais rápidas do que antes." (p. 152). Por todas essas razões, Mattar passa a considerá-lo o "novo livro" destas primeiras décadas do século XXI.

O papel do professor será o de auxiliar seus alunos na construção de sua coleção de recursos e reflexões, para que encontrem o caminho correto.

Conclusão

A avaliação formativa necessita de instrumentos apropriados para seu processo contínuo, reflexivo.

São eles: Exercícios, Questionários, Atividades, Produção de Aprendizagem e Portfólio Eletrônico.

4. Alguns instrumentos e estratégias para a avaliação somativa

Os instrumentos apresentados no tópico anterior também podem ser utilizados para a avaliação somativa, quando, ao final do curso, há a necessidade de mensurar o aprendizado do aluno. Novamente, é possível aqui a autoavaliação, a coavaliação e a heteroavaliação. No caso da autoavaliação, Mattar afirma que solicita aos seus alunos que revisitem tudo o que registraram no ambiente virtual e produziram durante o semestre, para que "sejam estimulados a refletir sobre a construção do conhecimento durante a aprendizagem e se autoavaliarem em relação ao processo completo, sugerindo a nota que consideram por sua participação nas atividades e no curso." (p. 147).

O autor também nota que os cursos com características mais práticas necessitam avaliações mais práticas, por exemplo, o curso de um instrumento ou a produção de um *software*. Nesses exemplos e outros da mesma natureza, o produto final e/ou o desempenho podem servir como um momento ideal para a avaliação somativa. Da mesma forma, pesquisas de campo como anotações, observações, questionários e entrevistas podem servir à avaliação somativa. Destaca-se as atividades de avaliação pontuais, pré-agendadas e oficialmente registradas.

A seguir, destacamos mais alguns instrumentos para a avaliação somativa.

a) **Pesquisa de avaliação**: Trata-se de uma atividade pré-formatada que oferece alguns questionários para a reflexão do aluno sobre suas expectativas, sobre a maneira como aprende e sua participação no curso, além de outras variáveis. Tem caráter aproximado da avaliação diagnóstica, diferindo na época e na aplicação. Segundo Mattar, há disponíveis dois formatos: ATTLS (pesquisa de atitudes e pensamentos da aprendizagem) e Colles (pesquisa de aprendizagem construtivista em ambientes de ensino e aprendizagem).

O questionário ATTLS é um instrumento voltado para medir em que proporção uma pessoa tem um saber "conectado" ou um saber "destacado". Seus autores, Galotti et al. propuseram essa escala em 1999.

O questionário Colles "foi projetado para monitorar as práticas de aprendizagem on-line e verificar em que medida essas práticas se configuram como processos dinâmicos favorecidos pela interação." (Mattar, p. 154). Entretanto, o professor pode desenvolver seu próprio instrumento de avaliação da aprendizagem, similar aos apresentados anteriormente, no ambiente virtual de aprendizagem.

> *PARA SABER MAIS: conteúdo dos questionários:* <http://www.stara.com.br/ead/help.php?file=surveys.html>. *Acesso em: 15 de abr. 2015.*

b) **Rubricas**: A rubrica, do inglês rubric, consiste em uma tabela com critérios específicos para cada curso, programa ou tarefa. Surgiu no exterior, com o objetivo de sanar dúvidas quanto à avaliação que era realizada por professores/tutores, pois os alunos não concordavam, muitas vezes, com os resultados das avaliações. "Os critérios que compõem a rubrica auxiliam a detectar os déficits, êxitos em relação ao conteúdo, motivação e a participação no curso. Além disso, possibilita fazer ajustes nas práticas docentes e facilita o diagnóstico de problemas específicos." (Amaral et al, p. 4482). Para cada critério, deve ser criada uma gradação que indique desde o aceitável até o ideal. Dessa forma, a transparência dos critérios não deixa dúvidas.

> *PARA SABER MAIS: Rúbricas de Evaluatión:* <https://www.youtube.com/watch?v=VcjxcFqi8U4>. *Acesso em: 14 de abr. 2015.*

5. Instrumentos na avaliação em grupos

Nos últimos tempos, o modelo de aprendizagem em EaD, com base no conteúdo aprendido de maneira passiva, vem se modificando, chamando a atenção das pessoas para a necessidade de se desenvolverem habilidades com vistas a participar de grupos virtuais. Algumas ferramentas destinadas à interação em EaD on-line, como *e-mails*, fóruns, *chats* e outros foram sendo introduzidos e atualmente são os responsáveis pelo desenvolvimento dessas habilidades.

Além dos instrumentos apresentados nos tópicos anteriores, há outros muito importantes para a avaliação, pois representam o próprio espírito da educação a distância. São instrumentos que trazem a tecnologia como essência e potencializam o desenvolvimento de competências e habilidades próprias do meio virtual, tão necessárias para a sobrevivência no mundo atual. A seguir, serão apresentados três desses instrumentos de avaliação.

a) **Trabalho colaborativo**: O trabalho em grupo deve despertar no aluno a compreensão de sua participação, para que se torne um participante ativo. Uma proposta de trabalho colaborativo inclui alguns princípios, como afirma Campos (2003).

Em primeiro lugar, deve haver a divisão do trabalho em tarefas, para que cada membro fique responsável por uma delas. É necessário definir o estado de colaboração, ou seja, há momentos de trabalho individual e momentos de trabalho em grupo. Outra face é entender a colaboração como propósito final: o trabalho tem como objetivo o aprender a colaborar; também a colaboração como meio: o objetivo do trabalho é aprender algo a partir de ações colaborativas; a colaboração formal significa que os membros do grupo comprometem-se e firmam acordo para realizar o trabalho colaborativamente; e, finalmente, a colaboração informal, a que surge espontaneamente.

Para Mattar, 2007, o trabalho colaborativo é importante "porque proporciona oportunidades para que o aluno exponha ao grupo suas posições e interpretações, contribuindo, portanto, para o desenvolvimento das atividades." (p. 88).

O aluno poderá caminhar lado a lado com os colegas, elaborando uma cocriação do conhecimento, desenvolver o seu pensamento crítico, elaborando-o mais complexamente do que se o fizesse individualmente. O autor afirma ainda que o trabalho em equipe requer, por parte dos participantes, maturidade e paciência para saber ouvir os colegas e valorizar seus pontos de vista, que podem ser diversos.

PARA SABER MAIS: assista ao vídeo: Ferramentas de Avaliação da Aprendizagem em EaD – Denise Ferreira Chimirri <https://www.youtube.com/watch?v=KDyls04SeNY>. Acesso em: 12 de abr. 2015.

b) **Fóruns**: Os fóruns de discussão representam uma das atividades assíncronas mais comuns em EaD, em que os comentários do professor e dos alunos são publicados em uma área a que todos os membros de um grupo têm acesso.

Os fóruns podem ser moderados ou livres.

Os fóruns moderados são os que necessitam de um professor ou assistente para ler os comentários dos alunos antes de publicá-los. Já os fóruns livres são aqueles em que os comentários são automaticamente publicados, sem a mediação do professor.

O fórum é um instrumento que pode ser utilizado ou associado a outras ferramentas em atividades dirigidas. Por meio do fórum, o aluno pode expressar sua opinião respondendo a uma proposição do professor, bem como acrescentar novas questões, podendo, inclusive, ter início a partir de um pequeno texto.

A utilização do fórum como instrumento de avaliação considera aspectos tanto qualitativos quanto quantitativos.

"Nos fóruns chamados *role playing* (ou interpretação de papéis), os alunos assumem determinados papéis ao prepararem suas respostas, que podem ser mais otimistas ou mais pessimistas, como a função de advogados do diabo etc." (Mattar, p. 120-121).

As tarefas dos alunos nos fóruns podem ser diversas, tais como: ser responsáveis por dar início a um debate, propondo questões para a discussão, ou resumir e encerrar um debate etc., além da simples participação.

c) **Chats**: Os *chats* ou salas de bate-papo, ao contrário dos fóruns, são atividades **síncronas**, ou seja, o professor/tutor e o aluno precisam estar conectados em tempo real para participar da discussão. Para alguns, é uma ferramenta complexa, pois depende da inter-relação de vários fatores oriundos da situação.

O professor precisa estar atento e observar as sinalizações que os alunos expressam nos vários espaços do ambiente do curso. Para tanto, o professor deve atuar com flexibilidade e responsabilidade para contemplar as questões emergentes e inusitadas, de modo que possam ser integradas aos propósitos do curso, assegurando credibilidade, estabelecendo laços de empatia, de afeto, de colaboração e de incentivo.

A dinâmica empregada em um *chat* pode ser diversificada, abrangendo desde opiniões sobre algum assunto até um debate ou uma avaliação somativa.

O professor/avaliador deve conduzir a turma para o debate, facilitando a avaliação. O conteúdo a ser discutido deve ser determinado previamente. Na sala, nomeia-se o mediador, responsável pela dinâmica da discussão, e que, neste caso, pode ser o próprio professor ou tutor. O *chat* propicia uma avaliação que, normalmente, não é vivenciada no ensino tradicional (sala de aula). Essa avaliação consiste na leitura de uma mensagem, que, neste tipo de discussão, podem ser várias, simultaneamente; na interpretação da mensagem para fundamentar e expor sua resposta; na agilidade de reflexão, considerando o envio; e na chegada de mensagens.

Uma solução encontrada em turmas numerosas é a divisão em grupos, que podem ser os GV e os GO (Grupos de Verbalização e Grupos de Observação), organizando, assim, o desenrolar do bate-papo.

> *PARA SABER MAIS: sobre CHATS, assista ao vídeo: https://www.youtube.com/watch?v=wHIM8yY_GWA>. Acesso em: 14 de abr. 2015.*

d) **Wiki** – O wiki é um conteúdo colaborativo que permite a edição coletiva de documentos feitos de forma simples. O wiki não necessita de registro, então, todos os usuários poderão alterar os textos que ali se encontram, sem que haja revisão antes de as modificações serem aceitas.

A vantagem oferecida pelo Wiki é o fato de que "a construção colaborativa do conhecimento fica muito mais facilitada, assim como a atividade de tornar públicas as ideias." (Mattar, p. 92).

Ao final de determinado tempo, o aluno e seu grupo poderão ter reunido grande volume de informações, conseguidas com a participação de todos, o que poderá ser considerado pelo professor como mais um instrumento para a avaliação desses alunos.

> *ATENÇÃO: Como observação, o Prof. Marco Silva prefere denominar o fórum, bem como o chat e o wiki de interfaces, ao invés de "ferramenta", pois, em sua opinião, a complexidade e a interatividade desses instrumentos assim indica.*

6. Palavras finais

Ao encerrar esta unidade, percebe-se que são necessárias algumas observações sobre os diversos instrumentos apresentados.

- Os instrumentos mais simples e objetivos para a avaliação da aprendizagem são os testes ou provas. Por força legal, devem ser realizados, em princípio, presencialmente. O que tornará esse instrumento mais adequado, sem que se sobressaia o seu caráter punitivo, serão os diferentes modelos de questões, relacionando-os com os assuntos estudados, conforme o explicitado no tópico 3.

- Cabem aqui algumas considerações sobre Tarefas:

A tarefa, na maioria dos cursos, é um documento escrito entregue a um professor/tutor pessoalmente, enviada eletronicamente ou em formato impresso. O formato varia, constituindo um ensaio, um relatório, uma experiência, um evento, um teste de múltipla escolha ou até a solução de um problema.

Moore e Kearsley ressaltam que o que mais importa com relação às tarefas, além de uma percepção clara do aprendizado que se espera que o aluno demonstre, "é um interesse criativo na tarefa – valendo a pena enunciar por que, muitas vezes, está em falta quando as pessoas que criam um curso compreendem o conteúdo muito mais do que o processo – e uma compreensão do valor da instrução que tarefas realmente interessantes e desafiadoras agregam ao curso." (p.131).

Portanto, um esforço para que sejam solicitadas aos alunos tarefas desafiadoras e criativas, somente beneficiará alunos e professores/tutores.

- A aplicação dos questionários diagnósticos é uma prática que deve ser inserida no processo avaliativo, trazendo dados importantes para o conhecimento do aluno, tais como suas expectativas, maneiras de aprender, assim como auxiliando no que se refere à finalidade de adequar o desenho do curso para que se possam atingir os seus objetivos de maneira total. Como sugestão, outra prática interessante é repetir as mesmas questões da avaliação diagnóstica (normalmente chamada de pré-teste) na finalização do curso, para verificar o crescimento experimentado pelo aluno após a realização do curso (pós-teste).

- Vale registrar a existência dos questionários de avaliação da disciplina pelos alunos, sendo que cada instituição elabora o seu, com os quesitos que interessam para a equipe gestora. A época de aplicação desses questionários é após o término das aulas.

- Encontramos em Cortelazzo (2010) a importância do professor/tutor no processo ensino-aprendizagem. As atividades supervisionadas são momentos de avaliação formativa, ou seja, processual, uma vez que o professor cumpra suas funções de acompanhar, orientar e avaliar o aluno. Esses momentos são ideais para que os alunos se organizem, interajam e demonstrem terem feito ou não as leituras recomendadas e as atividades individuais. "É também nesses momentos que o tutor pode avaliar habilidades e atitudes, além do conhecimento que será também verificado nos instrumentos de avaliação." (p. 154).

Com relação aos alunos, a autora afirma que a organização do estudo individual e do trabalho em equipe são itens necessários para a autoaprendizagem e, portanto, precisam ser considerados na autoavaliação do aluno.

- Quanto aos instrumentos de avaliação em grupo, estes apresentam cada vez mais possibilidades de envolver os alunos em atividades interativas e agradáveis, uma vez que eles poderão ter a oportunidade de se manifestar e expor suas opiniões, dúvidas etc. É importante frisar que, "para interagir, é necessário atenção, e trabalhar em grupo demanda percepção. Quem não participa atrapalha e quem participa sem se preparar ilude e desaponta o grupo." (Fuks et al., p. 251).

O Prof. Marco Silva, da UFRJ, destaca o caráter formativo desses instrumentos na avaliação.

> *PARA SABER MAIS: sobre Avaliação* on-line *assista ao vídeo do Prof. Marco Silva <https://www.youtube.com/watch?v=S7uUd6afEYE>. Acesso em: 14 de abr. 2015.*

- Para finalizar, apresenta-se, em seguida, um *case* publicado no livro Tutoria e Interação em Educação a Distância, para que se possa ter como uma experiência exitosa de avaliação, feita presencialmente, em grupo, de caráter formativo e somativo, ao mesmo tempo, mas com a contribuição da Internet.

O Prof. João Mattar conta que desenvolveu um projeto de avaliação em que os professores da instituição se reuniam, a cada duas semanas, para discutir vários assuntos e, entre eles, a avaliação. Eles definiam, desde o início do semestre um tema norteador, de todas as disciplinas, comunicado aos alunos e que permeava todas as atividades. Com frequência, forneciam aos alunos informações sobre como o tema seria abordado na avaliação final, que seria presencial.

No sábado em que seria realizada a prova, os alunos recebiam um case para resolver em grupo, no qual os professores procuravam incluir elementos trabalhados nas diversas disciplinas. Os alunos podiam consultar fontes diversas, inclusive a Internet.

Como o case era aberto, não havia uma solução única para uma proposta, mas os grupos deveriam entregar seu relatório com uma proposta de resolução, devidamente fundamentado em bibliografia utilizada durante o semestre ou consultada no dia.

Esses relatórios foram posteriormente avaliados pelos professores de todas as disciplinas, legitimando a avaliação e os alunos não receberam apenas uma nota, mas um longo texto que comentava as soluções propostas, as falhas, as boas ideias, as relações que faltaram quanto aos materiais do semestre etc.

Essa nota se misturava com as notas das atividades individuais e em grupo realizadas pelo aluno no período. E os alunos apreciaram muito o formato e o aspecto dinâmico da atividade.

Apesar de requerer mais atenção e trabalho do que normalmente seria para uma avaliação simples, os resultados observados foram positivos em vários sentidos. O desafio proposto pelos professores contava com um cronograma conhecido com antecedência pelos alunos, que puderam ir preparando os grupos para o dia da finalização do projeto. Também houve motivação para que os grupos trabalhassem e encontrassem o caminho da solução do desafio, uma vez que já haviam recebido dicas a respeito do modo de elaborar a solução. A característica de ser um *case* aberto evitou possíveis cópias entre os grupos e, por ser em grupo, fez com que as diversas habilidades presentes individualmente se unissem para um melhor aproveitamento e resultado.

Na próxima unidade, serão abordados os seguintes temas: "Avaliar com eficácia e eficiência" e os "Critérios de avaliação da aprendizagem em EaD".

Glossário – Unidade 2

AVA – Ambiente Virtual de Aprendizagem – São os sistemas utilizados em EaD para a disponibilização de conteúdo, realização de atividades, avaliações e interação entre alunos e professores. Em inglês, a sigla mais comum é *LMS – Learning Management System* (J. Mattar).

Avaliação formativa – Avaliação feita durante a implementação de um curso, para monitorar o progresso: utilizada muitas vezes para aperfeiçoar segmentos do curso, à medida que informações coletadas dos atuais alunos do curso revelem falhas no conteúdo (M. Moore).

Avaliação somativa – Aquela que se realiza ao final do curso, para, de alguma maneira, mensurar o aprendizado do aluno (J. Mattar).

***Design* educacional** – Envolve o planejamento, a elaboração e o desenvolvimento de projetos pedagógicos, cursos, materiais educacionais, ambientes colaborativos, atividades interativas e modelos de avaliação para o processo de ensino e aprendizagem (J. Mattar).

Dialogicidade – Capacidade de estabelecer um diálogo entre pessoas. Ato de dialogar.

Ferramenta assíncrona – Igual a não síncrona, ou seja, aquela que não ocorre ao mesmo tempo, criando, portanto, uma comunicação com defasagem temporal, que permite aos participantes responder em uma ocasião diferente daquela em que a mensagem foi enviada.

Habilidade – Habilidade é uma aptidão desenvolvida ou cultivada e significa certa facilidade em realizar determinadas atividades; difere nas pessoas tanto no desenvolvimento quantitativo como no qualitativo (PUC-RS).

Princípios – Significa início, fundamento ou essência de algum fenômeno. Também pode ser definido como a causa primária, o momento, o local ou trecho em que algo, uma ação ou um conhecimento tem origem (Wikipédia).

Síncrona – Comunicação interativa sem defasagem de tempo.

Valores – Valores são um conjunto de características de uma determinada pessoa ou organização, que determinam a forma como a pessoa ou a organização se comportam e interagem com outros indivíduos e com o meio ambiente (significados).

UNIDADE 3
AVALIAR COM EFICÁCIA E EFICIÊNCIA. CRITÉRIOS DE AVALIAÇÃO DA APRENDIZAGEM EM EaD

Capítulo 1 Avaliar com eficácia e eficiência - Introdução, 46

Capítulo 2 Critérios de avaliação da aprendizagem em EaD, 49

Glossário, 63

1. Avaliar com eficácia e eficiência - Introdução

Ao se iniciar este tópico, é importante que se estabeleça a distinção entre **"eficácia"** e **"eficiência"** na avaliação. A palavra eficácia deriva do Latim, "efficax": aquele ou aquilo que tem o poder de produzir o efeito desejado. Eficiência vem igualmente do Latim, "efficientia", e significa força, virtude de produzir (IESAP, Espanha).

Na área educacional, a eficácia da avaliação ocorre quando o objetivo proposto pelo professor foi alcançado. Por exemplo, se o professor colocou como objetivo verificar se os alunos sabem quais são todas as capitais dos Estados brasileiros e todos obtêm nota dez na prova, podemos dizer que a avaliação foi eficaz.

A eficiência está relacionada ao objetivo, mas também ao processo desenvolvido para alcançá-lo. Para Vasco Moretto (2002), "a avaliação é eficiente quando o objetivo proposto é relevante e o processo para alcançá-lo é racional, econômico e útil."

Dessa forma, para que a avaliação seja eficiente, é preciso que seja também eficaz. Entretanto, a avaliação pode ser eficaz sem ser eficiente. Quando isso ocorre? A resposta a essa pergunta pode ser encontrada na forma de executar uma avaliação que não tem muito significado para os alunos. Moretto nos oferece um exemplo prático: quando um professor organiza as condições para que seus alunos aprendam de cor todos os países da África e suas respectivas capitais e consegue que todos os seus alunos tirem 10 (dez) na prova elaborada sobre o assunto. Como o professor atingiu o objetivo proposto, pode-se afirmar que a avaliação foi eficaz. Verifica-se, porém, pouca eficiência, isso porque esse conhecimento possivelmente não seja relevante no contexto dos alunos e o processo de aprendizagem não tenha sido racional, pois os alunos aprenderam o conteúdo "de cor" e de forma isolada.

Portanto, cabe ao professor a tarefa de organizar de forma eficiente o processo da avaliação da aprendizagem, o que dependerá de como ele irá operacionalizar o seu objetivo.

> *PARA SABER MAIS: para compreender os conceitos de Eficácia e Eficiência, assista ao vídeo de Segredos da Eficácia, Prof. Marcos Luz: <https://www.youtube.com/watch?v=QeYs2jX_gOU>. Acesso em 19 de abr. 2015.*

O que se coloca na busca da eficácia e da eficiência na avaliação em EaD parte de um princípio básico, conforme Cortelazzo: os alunos precisam saber o que lhes será cobrado em relação à sua avaliação. Para a autora, o aluno de um curso na modalidade a distância observa que "as orientações bem dadas na aula, no material impresso, no material de apoio ou no AVA indicam o que é esperado de suas produções para avaliação." (p. 157). Se tais orientações forem objetivas e claramente direcionadas, o aluno terá ótimas chances de elaborar suas tarefas, estudar e compreender os assuntos que serão avaliados.

Nesse mesmo sentido, encontramos as observações de Gil (2006), quando orienta os professores não só a preparar os alunos intelectualmente para as avaliações, esclarecendo os objetivos, como a informar os estudantes acerca do tipo de prova a ser aplicado, da quantidade de questões e da maneira como devem ser respondidas. Outra sugestão é preparar os alunos emocionalmente para que a prova se constitua em um momento de avaliação da aprendizagem e que isso fique claro para eles. Uma recomendação é para que encorajem os alunos a apresentarem suas dúvidas por *e-mail* ou promover sessões de revisão, por meio de *chats*.

Sobre eficiência e eficácia

Segundo Moore e Kearsley (2007), na Educação a Distância, por se tratar de uma modalidade em que os alunos se encontram distantes da entidade administrativa, o sucesso de toda a iniciativa depende de um sistema eficaz de monitoramento e avaliação.

Sabemos que um bom sistema de monitoramento e avaliação pode conduzir a um programa bem sucedido, sendo que um sistema ruim quase certamente levará ao fracasso.

Monitoramento e avaliação

Um bom sistema de monitoramento pode informar aos administradores sobre os problemas que afetam os **tutores** e alunos, indicando se ocorrem atrasos ou interrupções nos sistemas de comunicação e possibilitando que haja tempo para uma ação corretiva.

Para que o monitoramento seja eficaz, há a necessidade de uma rede de indicadores que disponibilizem os dados necessários sobre o desempenho dos alunos e do professor. Essa coleta de dados deve ser feita de forma frequente e rotineira e os dados deverão ser transferidos para um centro de controle onde serão analisados.

Moore e Kearsley afirmam que existem três características importantes do sistema de monitoramento e avaliação, conforme descritos a seguir:

A primeira característica consiste na especificação preliminar de bons objetivos de aprendizado. Desde o início do processo de criação do curso até a avaliação final do projeto, as perguntas centrais devem ser as mesmas: "cada aluno provou ter aprendido o que era exigido nos objetivos de aprendizado e, em negativo, por quê?" (p. 131).

Essa pergunta vai nortear todas as ações dos avaliadores, que dependerão do grau de excelência com que os objetivos do projeto foram definidos para conseguirem provar que o projeto foi eficaz.

A segunda característica consta da elaboração e do posterior gerenciamento dos trabalhos, as tarefas apresentadas pelos alunos como prova do aprendizado. Essas tarefas vão fornecer os indicadores dessa percepção: "elas são a fonte dos sinais de *feedback* que devem alertar as autoridades em todo o sistema sempre que surgir um problema." (p. 131).

Para os autores, as limitações do tempo são um fator causal das tarefas malsucedidas e as responsabilidades devem ser pesquisadas, podendo ser devidas à equipe de criação do curso, que não calculou o tempo correto para o volume de tarefas, ou ao aluno, que não planejou o tempo necessário. Pela experiência e por pesquisas realizadas, esses autores chegaram à conclusão de que, em um curso típico, pode-se exigir a apresentação de tarefas com frequência de até uma vez por semana. Como consequência, o tutor ou instrutor tem duas responsabilidades: responder semanalmente ao aluno e fazer relatórios semanais sobre os resultados das tarefas, dirigidos à administração da instituição à qual pertence.

A terceira característica refere-se à coleta de dados e sistema de relatórios bem feitos, de boa qualidade. Conforme o indicado na segunda característica, as tarefas deverão ser avaliadas semanalmente pelo tutor e, para executar essa ação, ele necessitará de procedimentos e documentos para registrar os dados (data do recebimento das tarefas e notas atribuídas). Em uma instituição, os relatórios do progresso do aluno podem ser apresentados ao departamento acadêmico e também ao departamento de ensino a distância. O mais importante é que os relatórios de avaliação sejam encaminhados aos coordenadores ou supervisores para que possam ser revisados e para que esse pessoal possa reconhecer indícios de falha no sistema. Moore e Kearsley afirmam que vários indícios podem sugerir onde está o problema. Por exemplo, se um aluno deixa de completar uma tarefa e os outros colegas a completam, o tutor deve se preocupar com aquele aluno. No entanto, se todos ou muitos alunos do mesmo tutor tiverem dificuldade com a tarefa e os alunos de outros tutores não tiverem, os avaliadores precisam verificar quais são as circunstâncias que causam dificuldades a esse grupo. As condições podem ser devidas a falha na interpretação dos **critérios** de avaliação pelo tutor, ou os alunos não receberam o material correto, ou talvez tenha havido uma interpretação errada em uma orientação de estudos. Essas possibilidades deverão ser pesquisadas para sanar as dificuldades.

Levando-se em consideração as três características citadas, a avaliação cumprirá sua função, fazendo com que as falhas sejam identificadas de modo rápido e eficiente, pois "o subsistema de monitoramento e avaliação desempenha uma função crítica no sucesso de todo projeto de educação a distância de boa qualidade." (Moore e Kearsley, p. 133).

2. Critérios de avaliação da aprendizagem em EaD

Ao se iniciar a abordagem dos critérios de avaliação, é importante que se façam algumas considerações gerais e importantes sobre a avaliação.

PARA SABER MAIS: Para revisar os conceitos sobre as modalidades de avaliação, assista ao vídeo: Avaliação em EaD, de Werciley Silva. <https://www.youtube.com/watch?v=y6BCljHcjL8>.

Hoffmann (2004) afirma que "uma tarefa avaliativa bem elaborada favorece a expressão própria de ideias e diferentes estratégias de solução dos alunos...". Afirma também que "tarefas avaliativas, numa visão mediadora, são planejadas tendo como referência principal a sua finalidade, a clareza de intenções do professor sobre o uso que fará dos seus resultados, muito mais do que embasadas em normas de elaboração." (p.122).

Pensando em modelos eficazes e eficientes de avaliação, pode-se notar que as observações de Hoffmann indicam a necessidade de se planejar os instrumentos de avaliação, de acordo com os objetivos propostos no curso, de maneira a favorecer a expressão individual de cada aluno na construção do conhecimento e a deixar transparente o uso positivo que se fará dos resultados. Assim, a correção das avaliações e o encaminhamento dos resultados negativos, que serão mais indicadores de providências para recuperação do que de reprovação sumária, são de grande importância.

Os critérios podem ser considerados como a essência da avaliação, podendo ser traduzidos como os pilares de sustentação e de orientação na busca de uma avaliação que ampare uma aprendizagem significativa e ativa.

Dessa forma, identifica-se a necessidade de cuidados com o nível de qualidade em relação aos critérios, partindo de algumas questões:

- O que vou avaliar?
- Como vou avaliar?
- Quais métricas são atribuídas aos indicadores para uma aprendizagem significativa?
- O que precisamos mudar e melhorar continuamente, a partir do diagnóstico diário, para obter melhores resultados?

As respostas conscientes a essas questões poderão guiar os professores/tutores a uma avaliação com critérios apropriados.

Que critérios?

Encontra-se em Sanávria (2008), a referência ao tipo de avaliação segundo o critério utilizado, classificação de Arétio (1994). Para o autor, a avaliação pode ser chamada de normativa, criterial ou personalizada.

A avaliação é considerada normativa quando o aluno é avaliado tendo como base a comparação com outros membros do grupo. A avaliação criterial é aquela na qual as bases de comparação, julgamento ou apreciação são as condutas especificadas previamente. A avaliação personalizada, por sua vez, é quando a base para a avaliação é o próprio aluno.

Em uma análise sobre essa classificação, pode-se considerar que, desde que os critérios sejam explícitos, como na avaliação criterial, o processo será válido. No entanto, sob a perspectiva da avaliação formativa, a modalidade de avaliação personalizada, na qual cada aluno é comparado a si próprio, é a mais justa, pois o ritmo da aprendizagem de cada indivíduo é respeitado.

Barbosa e Alaiz (1994), dois autores portugueses, em um artigo sobre a "explicitação de critérios", fazem uma análise profunda sobre os critérios de avaliação. Para esses autores, perguntas relativas a que critérios adotar ou estabelecer não encontram uma resposta única, universal, sendo que as respostas devem ser buscadas em várias fontes.

Os critérios dependem de vários fatores, como:

- do conteúdo e da lógica interna de cada disciplina ou área curricular;
- dos objetivos;
- da modalidade de avaliação que se tem em vista (formativa, somativa etc.);
- do que cada professor valoriza, quer, no que se refere ao desenvolvimento cognitivo, quer no que respeita ao desenvolvimento sócio-afetivo dos seus alunos;
- da perspectiva que os professores têm da aprendizagem ou da avaliação.

O fundamental, conforme já mencionado, é que os critérios sejam explicitados.

Barbosa e Alaiz (1994) citam a tipologia de Nunziati (1990), segundo a qual os critérios podem ser classificados em dois tipos: critérios de realização e critérios de sucesso.

Os critérios de realização indicam os atos concretos que se esperam dos alunos quando o professor pede para que executem determinada tarefa ou obtenham determinado produto. Estão ligados ao próprio processo de aprendizagem, do qual constituem um instrumento, e exprimem os procedimentos a desenvolver pelos alunos, com vista a obter os resultados que deles se esperam e a atingir os objetivos propostos. Por essas características, tratam-se de critérios de incidência formativa, pois visam à regulação da aprendizagem, permitindo a sua reorientação.

Para que esse processo seja possível, é fundamental que:

"- indiquem com clareza quais as operações a realizar para levar a termo determinada tarefa ou desenvolver adequadamente determinado processo;

- sejam formulados o mais concretamente possível para que os alunos «vejam» com clareza aquilo que deles se espera." (p.3).

Os critérios de sucesso referem-se aos produtos obtidos e estabelecem as condições de aceitabilidade desses resultados. São, portanto, critérios de incidência somativa, uma vez que, mais do que os processos de aprendizagem, interessam os produtos obtidos.

Alguns exemplos de critérios que podem ser incluídos nessa tipologia são:

- a pertinência: o produto (resposta) obtido(a) pelo aluno corresponde àquilo que foi pedido;
- a completude: todos os elementos esperados estão presentes;
- a exatidão: ausência de erros (ou, em certos casos, a percentagem de erros admitidos);
- a originalidade: definida pela raridade da solução encontrada;
- o volume de conhecimentos ou ideias mobilizados na obtenção do resultado produzido.

Pelo exposto, pode-se perceber que cabe a cada professor/tutor, em primeiro lugar, estabelecer qual é o seu objetivo para depois determinar os critérios que utilizará para sua avaliação, se formativa ou somativa.

Alguns critérios de realização:

Alguns critérios são indicados para uma avaliação formativa. Cortelazzo (p. 158) relaciona um rol de orientações para a otimização da aprendizagem, que a autora define como requisitos básicos da avaliação.

a) **Assiduidade**: O aluno de um curso a distância tem também algumas atividades presenciais, além daquelas do AVA. Por esse motivo, deve comparecer a todos os compromissos estabelecidos no plano de estudos (teleaulas, atividades supervisionadas agendadas, reuniões agendadas com o tutor e locais para atividades presenciais).

b) **Pontualidade**: A pontualidade é muito importante porque o tempo do curso é planejado de forma integrada e os compromissos não podem ser deixados para depois. O aluno dever procurar ser pontual em todos os compromissos (nas teleaulas e no dia da avaliação, nas reuniões de equipe, nas entregas de trabalhos e nas atividades de estágios ou visitas, se houver).

c) **Responsabilidade**: Algumas pessoas têm dificuldade de assumir responsabilidades até em suas atividades pessoais diárias. Em um curso a distância, essas pessoas terão mais dificuldade ainda, devido à inclusão de atividades individuais e em grupos. O que se espera é que o aluno procure ser pontual em todas as atividades, que cumpra a agenda pessoal em relação às leituras e atividades de aprofundamento, bem como com os compromissos com o tutor e sua equipe, que realize as atividades solicitadas, tanto individuais quanto em equipe, entregando-as na data correta e que acompanhe as notícias do curso no mural do polo de apoio presencial e no site do curso.

d) **Autonomia**: Mais do que em cursos presenciais, o aluno de um curso a distância necessita de autonomia. A autonomia irá se manifestar quando esse aluno inteirar-se do assunto da aula antes do início, lendo o capítulo do livro ou acessando a página do AVA; buscar respostas para suas dúvidas em biblioteca ou com colegas, antes de procurar o tutor; propuser atividades para criar uma cultura acadêmica no polo presencial; organizar seminários e propuser nomes relevantes para que o tutor organize discussões sobre as temáticas estudadas no curso, convidando-os para virem ao polo.

Mattar (2007) acrescenta um ponto importante. Trata-se da capacidade para trabalhar em grupo, de participar de grupos virtuais, o que faz parte das orientações já referidas. Citando os fóruns como exemplo, o autor destaca a importância de o aluno se organizar para o acesso semanal, com a maior frequência possível, pois cada grupo de discussão vai se desenvolvendo no seu próprio ritmo, sendo que participar no último minuto apenas, para não perder nota, não é o ideal. O que se espera do aluno virtual é que ele interaja, tornando-se "responsável pela construção das comunidades de que ele participa. Ele é um participante ativo." (p. 87).

> *PARA SABER MAIS: sobre Autonomia, assista ao vídeo: democratização e construção da autonomia do aluno em educação a distância, de Alessandra Santos. <https://www.youtube.com/watch?v=WgnogyOfAls>. Acesso em 20 de abr. 2015.*

Essas orientações incluem valores que devem estar presentes no perfil dos alunos para que consigam levar a bom termo suas atividades e compromissos acadêmicos. Também serão avaliadas pelo professor, na medida em que estiverem permeando as atividades solicitadas. Algumas orientações, como a pontualidade e a assiduidade, serão computadas pelo próprio sistema.

Critérios de resultados

Na Unidade 2, tratou-se dos questionários que podem ser utilizados para a Avaliação Diagnóstica, oferecendo critérios para o melhor conhecimento do aluno, antes mesmo do início do curso. Critérios também foram estudados quando se abordou a Pesquisa de Avaliação, com os Questionários ATTLS e Colles, bem como as Rubricas.

No caso dos critérios de resultados, há que se determinar qual é o objetivo pretendido e que instrumento se deve utilizar.

Em um artigo na Revista Escola, duas educadoras, Ilza M. Sant'Anna e Heloísa C. Ramos, montaram um quadro no qual demonstram "os nove jeitos mais comuns de avaliar os estudantes" na modalidade de ensino presencial. São eles: prova objetiva, prova dissertativa, seminário, trabalho em grupo, debate, relatório individual, autoavaliação e observação do professor.

Na avaliação em EaD, são encontrados vários desses instrumentos (provas, trabalho em grupo, debate, relatórios, autoavaliação e observação do professor) que adquirem características específicas do ensino a distância. Por exemplo, o fórum e o *chat* nada mais são do que meios para um debate.

O que se observa é a necessidade de caminhar entre esses instrumentos e sua avaliação por meio de critérios transparentes e legítimos.

Como já apresentado anteriormente, as orientações bem dadas e a conscientização dos deveres de aluno são pontos básicos para que o aluno se saia bem nas avaliações, especialmente as quantitativas ou somativas.

Outra observação importante, a ser repetida, é o fato de que os critérios devem ser conhecidos dos alunos, transparentes e adequados a cada conteúdo ou disciplina, procurando indicar se o aluno conseguiu atingir os objetivos propostos ou não.

As tabelas de Rubricas

Para elaborar e operacionalizar os critérios de avaliação, um instrumento indicado são as Rubricas, que serão tratadas a seguir.

O conceito de Rubricas, voltado à educação, é de grande importância.

"Rubricas são esquemas explícitos para classificar produtos ou comportamentos, em categorias que variam ao longo de um contínuo." (Biagiotti, p. 2).

Surgidas nos Estados Unidos, nos anos 1970, as rubricas eram utilizadas para correção de redações, pretendendo ser facilitadoras do processo. Ao longo do tempo, foram sendo aperfeiçoadas e tornaram-se um modelo de "avaliação autêntica" para alguns autores.

Ao avaliar o processo, as rubricas vão além da simples atribuição de notas. As rubricas possibilitam diagnosticar a qualidade da atividade, ou encontrar a falha do aluno, ou a dificuldade que teve ao construí-la.

Rubricas são muito utilizadas fora do Brasil para avaliação com critérios muito detalhados. Por meio desse recurso, os professores poderão estabelecer métricas para poder avaliar objetivamente as atividades dos alunos.

Segue exemplo de utilização de rubrica para avaliação de trabalhos:

A) Modelo de Tabela de Rubrica com critérios, que é preenchida para cada aluno, numa atividade por *chat*, encontrada no portal do professor, do MEC.

	Iniciante: 1,0	Intermediário: 3,0	Mestre: 5,0
Participação	O aluno participou pouco ou nada, deixou de participar das atividades na internet, ou durante o jogo.	O aluno participou fracamente, fazendo apenas o que era esperado.	O aluno participou ativamente, questionando e exemplificando com propriedade durante as atividades.
Apresentação	A apresentação foi fraca, superficial ou conteve erros.	A apresentação esteve correta, porém não se aprofundou como seria esperado.	A apresentação foi aprofundada, sem erros e com bom recurso visual
Relatório	O relatório foi incompleto, ou inexistente.	O relatório é correto, mas superficial.	O relatório foi completo, correto e com boa apresentação.

Fonte: http://portaldoprofessor.mec.gov.br/fichaTecnicaAula.html?aula=904 (acesso em 23/04/2015)

Pela anotação apresentada no quadro de rubrica, verificamos os detalhes da avaliação, tornando-a muito clara, evitando dúvidas por parte dos alunos. Além desses, outros podem ser encontrados com formatos diversos, mas sempre seguindo a orientação básica:

	ESCALA DE QUALIFICAÇÃO
ASPECTOS A AVALIAR	CRITÉRIOS

Segundo o Prof. Mattar (2012), as rubricas podem ser mais abertas ou detalhadas, dependendo do *design* da avaliação elaborado pelo professor. Se o instrumento for elaborado com critérios pouco claros, estes poderão proporcionar ao professor mais liberdade na avaliação, mas poderão gerar mais tensão na justificativa da nota para o aluno.

Esse fato pode ocorrer porque os alunos, ao serem avaliados, querem tirar a melhor nota possível, pois, por vezes, recebem bolsa de estudos e só continuarão a recebê-la dependendo do seu empenho. Há também alguns alunos que desejam apresentar um boletim exemplar, muitas vezes apenas para sua autoestima. Por tais motivos, essa preocupação com o desempenho é considerada natural. Com critérios mais explícitos, o processo fica mais definido, observável e mensurável.

"Usar rubricas para atividades mais criativas e construtivistas, entretanto, torna-se realmente um desafio bastante complexo, pois teríamos que definir os atributos da criatividade que estão sendo buscados nas atividades e no desempenho do aluno." (Mattar, p. 150). Este é um desafio para o professor, que deve ser enfrentado se ele se dispuser a oferecer a transparência própria das rubricas aos seus alunos, o que, ao final, trará menos trabalho, pois todas as regras foram abertas aos alunos.

> *PARA SABER MAIS: sobre a construção de rubricas, assista ao vídeo de Alejandro Franco. <https://www.youtube.com/watch?v=VcjxcFqi8U4>. Acesso em: 20 de abr.2015.*

Sobre essa relação do aluno com o professor/tutor, citada por Moore e Kearsley, envolvendo a avaliação, é pertinente lembrar algumas observações desses autores sobre os tipos de **interação** em EaD.

Para esses autores, a primeira interação ocorre entre o aluno e o conteúdo que é criado, apresentado e facilitado pelo professor, sendo transformado em conhecimento pessoal pelo aluno.

O segundo tipo de interação ocorre entre o aluno e o professor (tratado pelos autores de Instrutor), sendo considerado como essencial pela maioria dos alunos e é tido como desejável pelos professores, que auxiliam os alunos a interagir com o conteúdo. A maneira como essa interação é desenvolvida está ligada: ao estímulo do interesse do aluno pela matéria e pela motivação ao aprender; ao auxílio na aplicação daquilo que estão aprendendo, à medida que colocam em prática aptidões que viram ser demonstradas ou manipulam informações e ideias que foram apresentadas. O professor ainda é responsável pelas avaliações que indicarão seu progresso ou não e proporcionam conselhos, apoio e incentivo a cada aluno.

As observações mencionadas no último parágrafo indicam a importância do entendimento entre professor e aluno, nas diferentes oportunidades de interação. Portanto, quanto mais claros forem os critérios de avaliação, mais resultados positivos poderão ser alcançados e as rubricas certamente contribuirão para isso.

Apenas para complementar, a terceira interação notada por Moore e Learsley é a interação aluno-aluno, que se manifesta internamente nos grupos e entre os grupos, bem como na interação de aluno para aluno em ambientes on-line.

Um pouco mais sobre critérios de avaliação

Neste tópico, serão tecidos alguns ligeiros comentários a respeito dos instrumentos abordados na Unidade II.

Para atender às diferenças entre os alunos, a diversificação dos instrumentos será uma estratégia bastante positiva, uma vez que o objetivo é que todos os alunos se saiam bem. Em uma prova escrita e dissertativa, o destaque deve ser a transparência dos critérios que serão avaliados.

A prova escrita, com questões objetivas ou de múltipla escolha, é mais fácil de corrigir, mas as questões devem solicitar operações mentais razoáveis para uma prova significativa.

As questões de certo-errado (C ou E), as questões com lacunas, que privilegiam a memorização, e as questões de correspondência (Coluna A - Coluna B)podem compor provas que sejam mescladas com questões de interpretação de um texto ou de resolução de uma situação-problema, mais complexas, tanto na elaboração quanto na correção por meio de critérios bem estabelecidos.

Gussoi (2009) sugere a elaboração e a aplicação de provas com **consulta inteligente**, o que indica a precaução com propostas de reflexão, para que não se limitem a simples cópia das respostas. Certamente, os critérios de correção devem ser coerentes com as propostas solicitadas.

Sobre os critérios importantes para o fórum, Gussoi (2009) aponta que, por meio das opiniões próprias, dos argumentos a partir de leituras e reflexões e comentários sobre as opiniões dos colegas, pode-se avaliar claramente e justamente a reflexão do aluno com critérios como: a coerência, a citação correta, a interação com o grupo e a opinião pessoal.

Com relação ao *chat*, a autora cita que, normalmente, este instrumento não é utilizado para a avaliação, porém, de acordo com a proposta do professor e do programa do curso, poderá servir como instrumento de avaliação para uma das atividades do módulo ou curso. É um recurso educativo para auxiliar na avaliação da aprendizagem on-line.

O professor, nessa abordagem, atuará como mediador e desenvolverá, também, ações investigativas. Ele analisa, ao mesmo tempo, o processo de aprendizagem do aluno, que se expressa na sala virtual, e a sua própria prática pedagógica.

Palavras finais

O papel do professor/tutor no desenvolvimento do ensino a distância é dos mais importantes. Dele depende a operacionalização do plano de curso, em todas as suas etapas, de maneira a conduzir correta e eficientemente todo o processo.

Apresentam-se, neste tópico, algumas das habilidades necessárias ao tutor para realizar suas funções, como a avaliação dos alunos, na visão de Sandra Gussoi (2009):

a) O domínio dos conhecimentos básicos da informática, que inclui a capacidade de expressão, a competência para a análise e resolução dos problemas, os conhecimentos (teóricos e práticos) e a capacidade para buscar e interpretar informações.

b) Em relação aos Valores Humanos, o professor/tutor deve ter em sua formação responsabilidade social, solidariedade, espírito de cooperação, tolerância e identidade cultural.

c) Em relação às Atitudes, o que se espera do professor/tutor é sua atenção quanto à promoção da educação de outros, à defesa da causa da justiça social, à proteção do meio ambiente, à defesa dos direitos humanos e dos valores humanistas e ao apoio à paz e à solidariedade.

A autora acrescenta que o professor/tutor deve ter disposição para tomar decisão e para continuar aprendendo.

Apesar de todas essas e mais algumas habilidades serem necessárias, podem-se destacar algumas que estão diretamente ligadas ao processo de avaliação, levando em consideração o que foi exposto sobre os critérios de avaliação.

Primeiramente, é muito importante o domínio dos conhecimentos em informática, uma vez que o professor/tutor receberá dados de participação de seus alunos, deverá enviar a eles a avaliação e propor novas atividades, no caso de necessitarem de reorientação.

Outras habilidades como o espírito de cooperação, a atitude de querer promover a educação dos alunos, a disposição para tomar decisões e continuar aprendendo também são muito importantes na execução do processo avaliativo em EaD. Especialmente "continuar aprendendo", em um mundo em transformação constante, em todas as áreas do conhecimento, mais especificamente nas novas tecnologias de informação e comunicação.

Moore e Kearsley (2007) orientam os tutores sobre o controle do número de mensagens, sugerindo que, dependendo do número de alunos, a quantidade de mensagens pode ser grande, compondo um conjunto substancial de informações a ser processado por cada aluno e pelo professor/tutor. Por essa razão, sugerem definir "o que é o número aceitável de contribuições, não para ser limitado e exigir um número arbitrário, mas, de tal modo, que os alunos saberão o que é desempenho aceitável." (p. 163).

Passando a uma análise global da avaliação como processo, pode-se citar, a seguir, a contribuição de Gussoi (2009) sobre como se constitui a avaliação:

- É um momento privilegiado de estudo, uma vez que o aluno reúne seus esforços no estudo e na revisão dos assuntos estudados que serão avaliados, procurando tirar suas dúvidas.
- É um processo de redefinição do ensino-aprendizagem, pois, a partir da avaliação, o aluno poderá prosseguir ou revisar os conteúdos e o professor poderá redefinir o plano de ensino e avaliação.
- Constitui-se em um processo de verificação de aprendizagens significativas, a partir do qual o aluno adquire novos conhecimentos que serão importantes para seu desenvolvimento acadêmico e/ou profissional.
- Estabelece juízo de valor sobre o uso funcional dos conhecimentos disciplinares, como no item anterior, e poderá escolher quais conhecimentos aprofundar ou não.
- Inclui apenas tarefas contextualizadas para que possam ser mais bem compreendidas.
- A tarefa e suas exigências devem ser conhecidas antes da situação de avaliação, pois, como já frisado, as regras da avaliação devem ser conhecidas previamente em todos os seus aspectos.
- E, por fim, a correção leva em conta as exigências estabelecidas. Para facilitar o trabalho do professor, sugeriu-se, no tópico anterior, o uso de rubricas com os critérios bem definidos e claros.

Segundo Guarezi e Matos (2009), é preciso compreender que não é somente o aluno que deve ser avaliado. Todos os fatores envolvidos no processo ensino-aprendizagem devem ser considerados, como o conteúdo proposto, as atividades e as estratégias de aprendizagem, a **mediação** do professor e os meios de mediação. O importante é não deixar recair sobre o aluno toda a responsabilidade pelo sucesso ou fracasso de um curso.

Compreende-se que "[...] a avaliação deva ser facilitadora da construção dos conhecimentos e propulsora de melhorias não somente no aluno, mas no professor e na estrutura do modelo de um curso como um todo." (Guarezi e Matos, p.127).

A programação de atividades de avaliação dos conteúdos baseada em critérios claros e pertinentes colaborará com a concretização de possibilidades reais para a aprendizagem e para a oferta de um bom curso.

PARA SABER MAIS: assista ao vídeo "Avaliar na EaD – PUC-2010": <https://www.youtube.com/watch?v=VxdS0xYbFv0>. Acesso em: 27 de abr. 2015.

Na Unidade IV, serão estudados os seguintes temas: Avaliação da Aprendizagem e Avaliação Institucional.

Glossário – Unidade 3

Consulta inteligente – A prova com consulta é a que permite a consulta a livros, cadernos, internet e até a colegas (em grupo). Para que não se resuma a uma cópia de textos, é necessário que o aluno receba temas que o motivem a refletir, criando, por meio da consulta, embasamento para as suas reflexões.

Critérios – Princípio que se toma como referência e que permite distinguir o verdadeiro do falso, negar, avaliar: critério jurídico. Ponderação, medida, equilíbrio, discernimento; justiça: agir com critério. <http://www.dicio.com.br/criterio>. Acesso em: 27 de abr. 2015. Em Educação, os critérios são elaborados para todos os tipos de avaliação, do aluno, do professor, dos funcionários da escola.

Eficácia – Capacidade de desenvolver tarefas ou objetivos de modo competente; produtividade. (Etm. do latim: efficacia.ae) http://www.dicio.com.br/eficacia/ Acesso em 27 de abr. 2015.

Eficiência – É fazer certo; o meio para se atingir um resultado; é a atividade, ou aquilo que se faz corretamente, acertadamente.<http://www.administradores.com.br/artigos/negocios/eficiencia-e-eficacia/361>. Acesso em: 27 de abr. 2015.

Escala de qualificação – É a graduação em conceitos ou numérica que é colocada no eixo horizontal da tabela de rubricas. Pode variar de 1 a 10 pontos ou "regular, bom e ótimo" ou com conceitos mais detalhados.

Interação – Conceito essencial em EaD que, em geral, se refere às trocas de informações e experiências entre pessoas. (J. Mattar).

Mediação – É interpretação, diálogo, interlocução. Para que o papel mediador do professor se efetive é essencial a sua tomada de consciência de que o ato de avaliar é essencialmente interpretativo, em primeiro lugar, interpretando as manifestações dos alunos. (J. Hoffmann).

Tutor – Nome, em geral, dado ao profissional que atua no apoio ao aluno em educação a distância. Para o Prof. João Mattar, o tutor deve ser considerado um professor, em diversos sentidos, como pedagógico e trabalhista.

UNIDADE 4
AVALIAÇÃO DA APRENDIZAGEM E AVALIAÇÃO INSTITUCIONAL

Capítulo 1 Introdução, 66

Capítulo 2 Avaliação Institucional, 71

Capítulo 3 Palavras finais, 80

Glossário, 82

Referências, 83

1. Introdução

Esta unidade se inicia com uma retomada das ideias que fecham a unidade anterior, que dizem respeito à amplitude da avaliação.

A primeira dessas ideias preconiza uma avaliação mais ampla, segundo a qual não é somente o aluno que deve ser avaliado, mas, sim, todos os fatores envolvidos no processo ensino-aprendizagem, como o conteúdo, as atividades, as estratégias de aprendizagem, a mediação do professor e os meios ou tecnologias empregados. A segunda ideia é a de que a avaliação deve ser "facilitadora da construção dos conhecimentos e propulsora de melhorias, não somente no aluno, mas no professor e na estrutura do modelo de um curso como um todo," nas palavras de Guarezi e Matos (p.127).

Nessa mesma direção, os Referenciais de Qualidade para Educação Superior a Distância, do MEC, publicados em 2007, relatam as duas dimensões que devem ser contempladas na proposta de avaliação de um projeto de educação a distância: a primeira dimensão refere-se ao processo de aprendizagem e a segunda, à avaliação institucional.

Com relação à avaliação do processo de aprendizagem, os referenciais indicam que o modelo de avaliação da aprendizagem deve ajudar o estudante na sua progressão cognitiva, levando-o a galgar novos graus de competências, habilidades e atitudes. Os referenciais indicam também a necessidade de se planejar um processo contínuo de avaliação, articulado com mecanismos que promovam o permanente acompanhamento dos estudantes. Dessa forma, as dificuldades poderão ser sanadas e o aluno reorientado.

Uma preocupação colocada nos Referenciais é sobre a segurança das avaliações para garantir que o estudante que está sendo avaliado é realmente aquele que está matriculado. Essas medidas de segurança visam a contribuir para a confiabilidade e a credibilidade dos programas de educação a distância.

Sobre a avaliação institucional, deve ser planejado e implementado um sistema que produza melhorias efetivas de qualidade, tanto das condições de oferta dos cursos quanto do processo pedagógico. Esse sistema deve se constituir em um processo permanente e consequente, que possa subsidiar o aperfeiçoamento dos sistemas de gestão e pedagógico. A avaliação institucional deve facilitar o processo de discussão e análise entre os participantes do processo.

Os aspectos fundamentais para a qualidade de um curso superior, estipulados pelo MEC, são: Organização Didático-Pedagógica; Corpo Docente, Corpo de Tutores, Corpo Técnico-Administrativo e Discente; Instalações Físicas; Meta-avaliação. Esses aspectos são comuns a outros cursos, além dos cursos superiores.

> *PARA SABER MAIS: sobre os Referenciais de Qualidade para a Educação Superior a Distância, acesse o portal do MEC: <http://portal.mec.gov.br/seed/arquivos/pdf/legislacao/refead1.pdf>. Acesso em: 29 de abr. 2015*

Esse item do documento indica a necessidade de que se empreenda uma avaliação contínua de todo o processo de ensino-aprendizagem, envolvendo a organização e a prática pedagógica, bem como os demais funcionários e estruturas.

Nesta unidade, será percorrida a avaliação da aprendizagem, procurando concluir essa temática, e a avaliação institucional, procurando compreender o seu processo.

Avaliação da Aprendizagem

Nas unidades anteriores deste curso sobre a avaliação da aprendizagem, foram apontados os conceitos, as modalidades, os instrumentos e as maneiras eficazes e eficientes de se elaborar e aplicar as avaliações na Educação a Distância. A seguir, serão apresentadas algumas considerações importantes e conclusivas sobre o tema de estudo em questão.

a) **Sobre a complexidade do ato de avaliar**: Annelay Peneluc da Rocha (2009) classifica a atividade de ensinar e aprender como um processo complexo e **multirreferenciado** da avaliação, ou seja, a avaliação não pode ser compreendida sem estar vinculada ao processo ensino-aprendizagem, que é complexo.

A autora parte da concepção de que o professor deve ter como prática contínua a avaliação formativa e acrescenta que um ponto relevante nessa discussão é a diversidade. Os professores podem e devem definir caminhos distintos para avaliar seus alunos, utilizando instrumentos avaliativos diversos, pois o que importa, realmente, é a concepção que norteia o trabalho e não o resultado.

"Em cursos de EAD, as **mídias** são

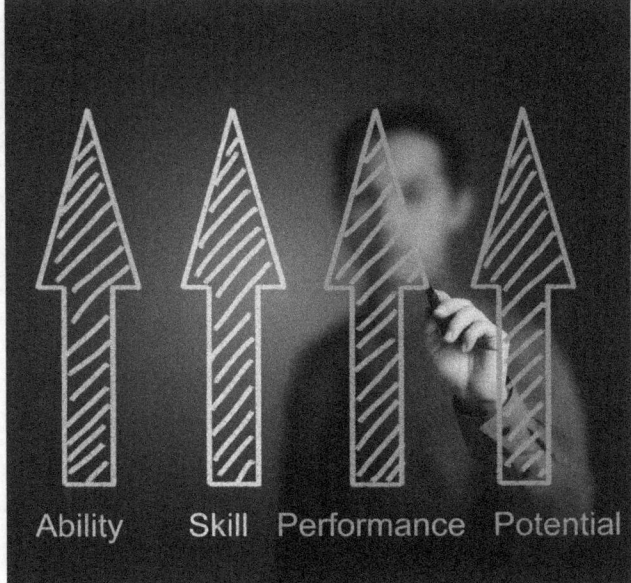

importantes como mediadoras do processo ensino-aprendizagem, mas precisam estar a serviço de um ensino construtivista e diferenciador e não do tipo transmissor, massificador e uniformizador." (Rocha, p.14-15).

O que a autora apresenta não é a eliminação das provas, mas que esse instrumento seja bem elaborado, podendo ser um dos meios pelo qual o aluno adquire consciência de seus limites e possibilidades na construção do conhecimento.

Para que esse objetivo seja alcançado, será necessária a mudança de **paradigma** da avaliação, deixando de ser sanção e controle, para ser regulação e ajuda.

b) **Sobre avaliação qualitativa**: As tarefas avaliativas que melhor favorecem a expressão individual são as constituídas por questões dissertativas.

Seguem alguns exemplos de questões desse estilo: "o que você diria sobre...", "você concorda com..., por quê?", "o que você sabe a respeito de...". Para Jussara Hoffmann (2008), esse tipo de questões sugere e favorece respostas mais longas, nas quais o aluno poderá se expressar livremente.

Ao analisar essas respostas, o professor deverá ter muita seriedade e compromisso, pois a análise, além do certo/errado, quantitativo, pressupõe uma análise qualitativa. Os critérios a serem avaliados poderiam ser coerência, adequação de vocabulário, riqueza de argumentos, entre outros. Mas não há uma única resposta, pois os alunos poderão elaborar respostas diferentes para uma mesma pergunta.

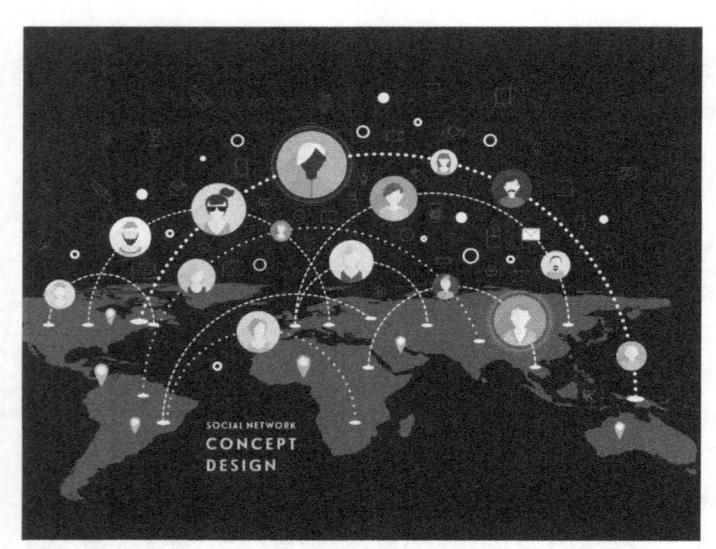

Alguns instrumentos podem desempenhar essa função, pois necessitam de manifestações que envolvem respostas mais autorais, dissertativas. É o caso do fórum, do *chat*, da discussão de artigos e dos trabalhos de pesquisa. Por meio deles, o professor/tutor terá condições de avaliar, por exemplo, os critérios citados, acima, por Hoffmann.

Segundo Silva (2003), "... o *chat* potencializa a socialização on-line quando promove sentimento de pertencimento, vínculos afetivos e interatividade." (p.65) O *chat* pode ocorrer mediado ou não pelo professor/tutor. Em qualquer caso, ele permite discussões temáticas e elaborações colaborativas que estreitam laços e impulsionam a aprendizagem. O mesmo ocorre com o fórum que, para Silva, desdobra elos dinâmicos de discussões sobre temas propostos no curso.

Hoffmann considera "esta análise qualitativa de tarefas avaliativas o 'pulo do gato' em termos de avaliação mediadora." (Hoffmann, p.163).

A principal diferença entre a **concepção classificatória** de avaliação e a **mediadora** encontra-se no fato de que a primeira quer verificar "se o aluno aprendeu" depois de ensiná-lo. Já, na mediadora, "pergunta-se para ver o que o aluno já sabe, o que ainda não sabe, que outras coisas sabe, de que jeito sabe fazer, para decidir sobre estratégias pedagógicas de continuidade." (p. 166).

Nesta postura avaliativa, o professor reorienta o aluno, que necessita retomar conteúdos não compreendidos para prosseguir.

c) **Sobre a participação do aluno**: por tratar-se de um aspecto que necessita de observação constante, na EaD, a participação do aluno é registrada por meios eletrônicos, ou seja, o sistema de monitoramento possibilitará ao professor ter um quadro atualizado da participação de seus alunos. No entanto, há necessidade do registro qualitativo da participação.

Jacqueline Lameza (2013) elaborou um estudo sobre a participação dos alunos em fóruns e orienta que o papel mediador do professor/tutor deve ser efetivo, mas não deve monopolizar as discussões. De início, será necessário estabelecer regras de convivência e participação no fórum, como, por exemplo: cada aluno deverá participar no mínimo três vezes; evite postar textos muito longos, pois os colegas poderão desanimar e não ler até o final; coerência, concordância gramatical e grafia correta também serão consideradas.

A autora oferece três critérios de pontuação para que a participação no fórum possa ser avaliada coerentemente, conforme reproduzido abaixo:

1. O posicionamento do aluno sobre o assunto proposto pode valer até 0,5 ponto, se estiver de acordo com as regras propostas.

2. As participações comentando as postagens dos colegas, desde que devidamente justificadas, podem valer até 0,5 ponto cada, se estiverem de acordo com as regras propostas.

3. Se as postagens ocorrerem todas no mesmo dia, o aluno perderá 0,2 ponto de cada uma das duas últimas participações, já que o processo de interatividade e construção do conhecimento terá sido prejudicado, pois não terá ocorrido ao longo do período.

Fonte: http://www.abed.org.br/congresso2013/cd/314.pdf, acessado em 30/04 2015

Acredita-se que, com as regras e os critérios de pontuação sendo conhecidos pelos alunos, a avaliação da participação nas discussões se dará de forma mais tranquila.

Vale lembrar a observação de Maia e Mattar(2007), quando tratam do trabalho em grupo, em que alguns alunos participam da sua comunidade de aprendizagem virtual e aprendem "por tabela", por meio do que se denomina "interação vicária" (vicariusinteraction).Esse tipo de interação ocorre quando os alunos que frequentam o ambiente de aprendizagem leem as mensagens dos colegas, mas preferem não contribuir para a discussão. Eles aprendem pela observação da interação dos outros membros do grupo.

Para Mattar, aqueles que participam, contribuindo ativamente nas discussões em atividades interativas, têm melhores resultados nas avaliações do que os que apenas leem as contribuições dos colegas, portanto, ser um espectador ativo na discussão surte melhores resultados.

d) **Sobre quem deve avaliar**: Apesar de ser tradicional o fato de que quem deve avaliar é o professor e quem é avaliado é o aluno na sua turma, Sacristán e Gómez (2000) colocam uma dúvida sobre quem deve avaliar, baseando-se nas novas modalidades de avaliação. Eles falam da avaliação externa, da heteroavaliação e da autoavaliação.

A avaliação externa é aquela realizada por pessoas que não estão ligadas ao objeto da avaliação, nem aos alunos, e que têm como objetivo servir de diagnóstico de amostras de sujeitos ou para selecionar os sujeitos. Isso porque, uma vez que cada professor avalia sua turma, haveria necessidade de garantir a igualdade entre alunos e cursos ou escolas por meio da avaliação externa. No Brasil, há instituições governamentais e não governamentais que realizam essa avaliação, como o Ministério da Educação e as Secretarias de Estados e Municipais de Educação. Os exames vestibulares para o ingresso no Ensino Superior também são um tipo de avaliação externa.

PARA SABER MAIS: sobre os objetivos da Avaliação Externa, assista ao vídeo "Avaliação externa – Melhoria da Educação". <https://www.youtube.com/watch?v=xgMGceXcNOE>. Acesso em: em 1 de mai. 2015

As outras duas modalidades, heteroavaliação e autoavaliação, já foram abordadas na Unidade I, entretanto, serão complementadas com algumas considerações.

A heteroavaliação é a modalidade em que os alunos se avaliam entre si, nos trabalhos em grupo ou em experiências de cogestão nas aulas, quando presenciais.

"Certas qualidades sociais, o esforço ou a colaboração prestada em um trabalho conjunto, são mais bem conhecidos por eles do que pelos professores." Segundo Sacristán e Gómez (p. 319), desde que haja uma conscientização quanto à seriedade dessa avaliação, poderá servir de mais um importante elemento no processo.

Quanto à autoavaliação, os autores acreditam ser recomendado, em certos casos, que o aluno se avalie, como via de responsabilizá-lo em seu próprio processo de aprendizagem. Outro motivo para o uso desse tipo de avaliação é que alguns aspectos pessoais, que só o aluno pode conhecer, serão importantes subsídios para o professor.

Além do mais, Maia e Mattar (2007) abordam a necessidade de o aluno de um curso a distância desenvolver a autonomia, ou seja, monitorar e regular seu próprio estudo, sendo que é o aluno, e não mais o professor, quem passa a gerenciar o processo de ensino e aprendizagem.

Este tópico se encerra com a certeza de que foram abordados alguns importantes conceitos da avaliação da aprendizagem, mas que a discussão não se esgotou, pois muitos outros ainda poderão ser estudados, uma vez que o tema é bastante complexo e muito discutível, sendo considerado um dos pontos privilegiados do processo ensino-aprendizagem.

2. Avaliação Institucional

Assim como o aluno e o processo ensino-aprendizagem devem ser avaliados, o mesmo deve ser realizado em relação ao curso e à instituição. A avaliação de cursos, programas, currículos, processos, procedimentos, projetos e produtos recebe a denominação de *Evaluation*, em inglês. Os administradores são os responsáveis pela avaliação de sua instituição, bem como por usar os **dados** coletados com o objetivo de melhorá-la e entender a avaliação institucional como um instrumento de gestão da educação, o que pode ser de grande valor instrumental para as instituições de ensino. Contribuir para a mudança e a introdução de inovações são objetivos básicos da avaliação institucional.

Ruhe e Zumbo (2013) chamam a atenção para a diferença entre "avaliação" e "pesquisa". Reportando-se à EaD nos Estados Unidos, os autores lembram que, apesar de a linha que separa os estudos de avaliação e de pesquisa ser difusa, há diferenças quanto à necessidade de aprovação por um instituto superior de pesquisa. Os estudos de avaliação, geralmente, são isentos de aprovação dos institutos de pesquisa.

A busca da qualidade

Este tópico, para introduzir a avaliação institucional e os fatores ou meios para desenvolvê-la, volta-se para as observações de quatro autores que se dedicaram ao tema em questão: Maia e Mattar; Moore e Kearsley.

Maia e Mattar (2007) constatam, primeiramente, que o ensino a distância tornou-se um mercado em crescimento a cada dia e que a competição se instalou nesse segmento educacional. Novas dúvidas surgem quanto a vencer os desafios trazidos pelos novos paradigmas, como o aumento do ingresso de adultos, especialmente trabalhadores, nessa modalidade de ensino.

A resposta a essa indagação é que passou a ser indispensável para as instituições de ensino mensurarem e avaliarem constantemente seus processos e resultados. "A avaliação contínua deve servir para orientar a decisão pela continuidade, pelo aperfeiçoamento e pela expansão, ou pela extinção de projetos." (Maia e Mattar, p. 94).

Algumas instituições realizam a avaliação institucional anualmente. Outras realizam um revezamento, realizando, em um ano, a avaliação denominada de "360°", que requer a participação de todos os envolvidos, direta e indiretamente, no processo de ensino-aprendizagem e, no ano seguinte, "a avaliação que é mais focada na respondência de alunos, monitores e professores-tutores." (Azevedo e Sathler, p. 6).

A divulgação é uma ação que colabora muito para que o processo de avaliação institucional obtenha o sucesso esperado. Para atingir o público esperado, pode-se realizar por meio de inserções de mensagens sobre a avaliação institucional nas teleaulas e *e-mails* de alunos, coordenadores, professores, professores tutores e monitores. Há necessidade de ações de sensibilização para o preenchimento dos questionários, principalmente, no que diz respeito aos alunos, sendo que o ambiente virtual de aprendizagem pode viabilizar mensagens multimídia.

Para tal fim, são recomendadas as práticas de monitoramento e avaliação, propostas na unidade anterior, que também são indicadas para a mensuração e avaliação constantes da instituição e do sistema educacional.

Ressaltando a característica da Educação a Distância de contar com o aluno fisicamente distante do seu tutor e de ocorrer o mesmo entre o tutor e a entidade administrativa, Moore e Kearsley atribuem o sucesso de toda a iniciativa ao monitoramento e à avaliação eficazes.

Para que o monitoramento seja eficaz, será necessário estabelecer uma rede de indicadores que disponibilizem os dados necessários sobre o desempenho do aluno e do professor. Tais dados devem ser obtidos frequente e rotineiramente para que permaneçam atualizados. A avaliação, nesse contexto, consiste da análise dos dados colhidos pelo sistema de monitoramento, da revisão desses dados e da tomada de decisões sobre o grau de adequação com que o sistema e suas várias partes estão operando. Ainda, "de que modo alunos, **instrutores**, profissionais de criação, administradores e recursos de comunicação operam juntos para atingir metas de curto e longo prazo." (p.130).

No caso do sistema educacional/institucional, o que mais importa são os resultados do aprendizado, mas todas as metas são legítimas e podem ser monitoradas e avaliadas, segundo destacam os autores.

Portanto, todas as atividades administrativas discutidas podem ser também avaliadas na busca de dados relacionados à qualidade, uma meta perseguida pelas instituições. Moore e Kearsley indicam quais fatores podem ser monitorados em uma pesquisa avaliativa:

- quantidade e qualidade de consultas e matrículas;
- sucesso dos alunos;
- satisfação do corpo docente;
- reputação do programa ou da instituição;
- qualidade dos materiais do curso.

Por meio desses fatores, a instituição poderá obter dados, pois refletem diferentes aspectos da qualidade dos produtos e serviços de uma instituição.

Para que se compreendam tais fatores, seguem alguns comentários a esse respeito:

O primeiro indicador são os índices de consultas e matrículas. Caso esses índices aumentem continuamente ou mantenham-se estáveis, indicam que a organização está realizando um bom trabalho de acompanhamento e adequando seus produtos às necessidades reais.

Outro indicador é o sucesso dos alunos, indicador que deve receber a maior atenção da instituição, podendo ser verificados nos resultados dos exames de certificação profissional (medicina, engenharia, direito), por exemplo.

Os dados sobre a satisfação dos alunos são importantes e relativamente fáceis de obter, pois essa prática é comum aos alunos quando avaliam um curso em sua conclusão, em seus principais componentes, como conteúdo, organização do curso, instrutores, materiais de instrução e sistema de veiculação. Esses dados são analisados pelo gerente do curso, às vezes, pelos chefes de departamentos e pelo reitor.

Da mesma forma, a satisfação do corpo docente pode ser uma medida útil, no entanto, o gestor deve ter em mente que se trata de um indicador com caráter subjetivo. Os itens que podem ser avaliados pelos professores são: "o grau em que as estratégias de ensino e os materiais existentes parecem ser eficazes, se os serviços de apoio ao aluno são adequados e se os cursos parecem atender às necessidades dos alunos ou de seus empregadores." (p. 215).

O conjunto das variáveis indicadas nos parágrafos anteriores oferece uma contribuição para fixar uma reputação geral de qualidade cujo reflexo será o aumento das matrículas na instituição. A satisfação dos formandos com seus cursos e dos empregadores com o desempenho dos contratados no cargo também resultará em aumento das matrículas.

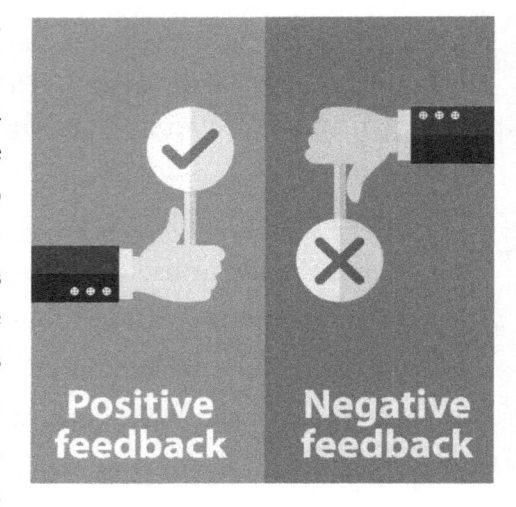

Moore e Kearsley observam que é possível para os administradores avaliar a qualidade dos materiais do curso ou do ensino nos termos dos padrões estabelecidos por associações nacionais, como é o caso da ABED, Associação Brasileira de Educação a Distância, no Brasil.

> *PARA SABER MAIS: para conhecer os atores da avaliação institucional, assista ao vídeo: <https://www.youtube.com/watch?v=1Zj_1nYGkmQ>. Acesso em: 3/05/2015.*

As modalidades de avaliação de cursos

Vários autores trataram da avaliação de cursos procurando trazer contribuições para a melhoria da qualidade e o seu reconhecimento pela comunidade em que se instalaram. Entre esses autores, encontramos João Mattar (2012); e ValerieRuhe e Bruno d. Zumbo (2013).

Ruhe e Zumbo (2013) indicam que a primeira decisão a se tomar quanto à avaliação de cursos relaciona-se a que fase conduzir a avaliação: se será na fase de *design* do curso ou depois que o curso já foi executado. Moore e Kearsley (1996) ressaltam que deveria ser praticada "a avaliação contínua, durante os ciclos de *design*, desenvolvimento e implementação." (p. 120).

A segunda decisão diz respeito a determinar qual é a modalidade a ser realizada.

Tal como na avaliação da aprendizagem, os cursos e as instituições também podem ser avaliados por duas modalidades: a avaliação formativa e a avaliação somativa.

A avaliação formativa de cursos

Como sugerido no item anterior, a submissão de materiais desenvolvidos para a EaD à avaliação de terceiros antes de sua implementação é um procedimento de boas práticas, segundo Mattar, porque contará com a anterioridade da prática, minimizando uma série de problemas. Essa ação consiste na avaliação formativa de cursos. Nessa missão, poderá ser medida a usabilidade dos cursos na perspectiva de uma amostra dos alunos potenciais, por exemplo.

A observação do desempenho das equipes que produzem comerciais de **materiais instrucionais**, como *softwares* ou livro-texto, não costuma fazer parte desse tipo de avaliação. As consultas que esses profissionais fazem a professores ou treinadores para obter opiniões, geralmente, envolvem materiais que já estão na forma final e as revisões substanciais não são mais possíveis.

Para os textos, Mattar esclarece que apenas a primeira fase da avaliação de cursos tem sido normalmente utilizada pela indústria editorial, que é a revisão de um especialista.

Afirma, também, que "professores e treinadores não são as melhores fontes de **informação** para prever a eficiência dos materiais, mas sim os próprios aprendizes. E, além da opinião dos aprendizes sobre a qualidade de um curso, deve-se procurar medir o aprendizado resultante." (p. 163).

Reportando-se a Smith e Ragan (2005), Mattar aborda os quatro estágios da avaliação formativa descritos pelos autores:

- As revisões do *design*: conforme o explicitado nos parágrafos anteriores, essas revisões ocorrem antes do início do desenvolvimento dos materiais instrucionais. "Podem envolver revisões dos objetivos, da análise do ambiente e dos aprendizes, da análise de tarefas e das especificações das avaliações (dos aprendizes) e dos planos." (p. 163).

- As revisões de especialistas: devem ocorrer após o desenvolvimento dos materiais, se ainda estiverem em forma de esboço, mas antes de serem efetivamente utilizados pelos alunos, sendo que as pessoas aptas a responder a essas questões são: os especialistas em conteúdo, em **design instrucional**, em educação, em conteúdo específico, ou em aprendizes.

Mattar sugere algumas questões que podem ser respondidas por esses especialistas:

a) O conteúdo é adequado e atualizado?

b) O conteúdo apresenta uma perspectiva consistente?

c) Os exemplos, exercícios práticos e *feedback* são realistas e adequados?

d) A abordagem pedagógica é consistente com a teoria instrucional atual na área do conteúdo?

e) A instrução é apropriada para os aprendizes-alvo?

f) As estratégias instrucionais são consistentes com os princípios de teoria instrucional?

Fonte: Mattar, p.164

- A validação por aprendizes é um estágio que pode ser desmembrado em quatro fases: avaliação um a um, avaliação em pequenos grupos, testes de campo e avaliação contínua.

A primeira fase, a avaliação um a um, deve ser realizada com poucos elementos, configurando-se como o momento em que aparecem os erros do material, desde erros ortográficos até exemplos inapropriados e páginas rotuladas inadequadamente. Podem ser utilizadas questões ou testes e leitura em voz alta enquanto o aprendiz interage com o material. Os critérios adotados podem ser: "clareza", "impacto no aprendiz" e "viabilidade".

A segunda fase, a avaliação em pequenos grupos, é a que avalia a instrução com mais aprendizes e prescinde da intervenção do *designer*, que deve atuar somente como observador. Há questões específicas que devem ser respondidas pelos entrevistados e eles devem participar como se estivessem no seu ambiente real de aprendizagem.

Na terceira fase, os testes de campo, simulam o ambiente em que a instrução será aplicada em uma situação real, com um grande número de alunos, como uma revisão final.

- O último estágio é o da avaliação contínua, que será desenvolvida após o uso do material que acompanhará o curso.

A avaliação somativa de cursos

Ao término da fase de revisão do curso, tendo em mãos os resultados da avaliação formativa, é possível realizar a avaliação somativa.

A época da realização da avaliação somativa pode variar. Pode ocorrer tanto antes do uso do material com alunos, com o objetivo de orientar a decisão sobre sua adoção, quanto depois do uso do material, com a finalidade de orientar a decisão sobre a sua manutenção.

Mattar (2012) comenta ser interessante que a avaliação somativa seja realizada por especialistas externos à instituição que desenvolveu o material. Para tanto, poderão ser utilizadas pesquisas de campo com o público-alvo.

Reportando-se a Boulmetis e Dutwin (2005), Mattar trata de três estratégias distintas, destinadas à avaliação somativa de um curso ou projeto, apontadas por esses autores. A primeira delas é a eficiência, que mediria a relação entre os custos e os resultados; a segunda é a eficácia, que mediria a relação entre os objetivos e os resultados; e a terceira estratégia é o impacto, que mediria como o curso mudou o comportamento em determinado período de tempo.

Outra possibilidade é pensar em mensurar a transferência do aprendizado gerado pelo curso. Mattar orienta que o importante "é que a avaliação somativa seja refeita periodicamente, para que se possam reavaliar todos esses fatores e, caso necessário, revisar ou descontinuar o curso." (p. 167).

PARA SABER MAIS: para mais informações sobre o sistema de avaliação nas instituições de ensino superior, assista ao vídeo Avaliação Institucional, pelo Reitor da UFSC. <https://www.youtube.com/watch?v=rneJsZ0fC7U>.

A divulgação dos resultados

Esta é uma fase do processo que merece especial atenção dos gestores da EaD.

Moresi (2000), tratando do valor da informação em uma organização, elaborou uma cadeia de valor de um sistema de informação que será utilizada para ilustrar este texto e tecer algumas considerações.

Figura 1 – Cadeia de valor de um sistema de informação

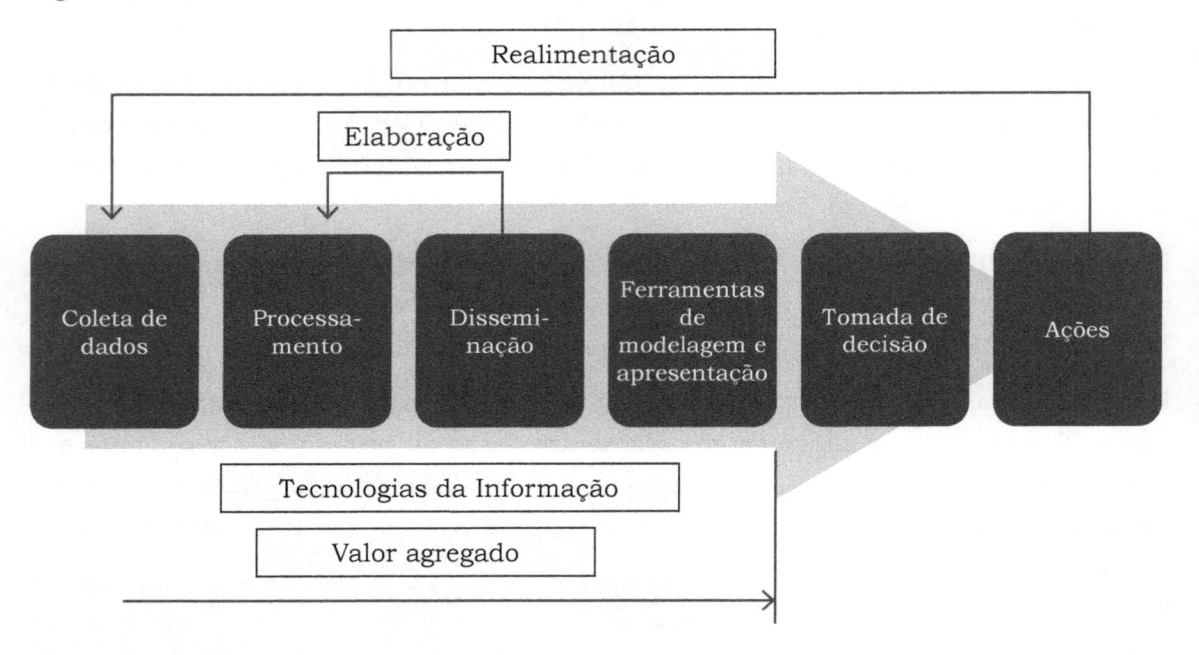

[Diagrama: Realimentação → Elaboração → Coleta de dados → Processamento → Disseminação → Ferramentas de modelagem e apresentação → Tomada de decisão → Ações; Tecnologias da Informação; Valor agregado]

Fonte: Moresi, (p. 23)

Para Moresi, "a cadeia de valor será um instrumento básico para diagnosticar e determinar o uso da informação em apoio às decisões e ações no âmbito de uma organização." (p. 23).

Partindo da coleta de dados, que inclui todos os meios pelos quais a informação dá entrada no sistema, tanto de fontes internas como externas, passa-se ao processamento, que transforma esses dados brutos em uma forma útil e compreensível.

A seguir, essas informações passam a ser disponibilizadas às pessoas certas, pois cada tomador de decisão necessita da parte do todo de informações coletadas, apenas aquelas que dizem respeito à sua área.

"O propósito da etapa de modelagem e apresentação é combinar a informação proveniente de diversas fontes, transformando-a em uma forma útil e clara para apoiar o processo de decisão." (p. 23). A modelagem irá fazer com que a informação seja apresentada de forma personalizada, desde uma simples visualização para um histórico, até em forma de recomendação das melhores decisões.

As decisões, geralmente, são tomadas por pessoas nas instituições. Entretanto, com o avanço da tecnologia, têm surgido possibilidades de utilização de algum tipo de automação em virtude de urgências ou de um grande número de decisões. É o caso das companhias áreas, por exemplo.

A partir do momento em que as decisões são tomadas, elas precisam ser efetivadas e a instituição percebe qualquer retorno da informação produzida. A partir das ações que serão implementadas, o processo se reinicia, pois novos dados necessitam ser coletados e, novamente, será possível executar uma avaliação das ações que foram implementadas.

Para Moresi, o fluxo de informações em uma organização/instituição é um processo de agregação de valor. "Assim, um sistema de informação é uma combinação de processos relacionados ao ciclo infacional, de pessoas e de uma plataforma de tecnologia da informação, organizados para o alcance dos objetivos de uma organização." (p. 21).

As etapas apontadas acima são comumente executadas, mas acredita-se que, sem a real importância dada a cada uma delas, as informações coletadas poderão se perder.

Tomando-se como exemplos as estratégias utilizadas por uma grande instituição de nível superior de São Paulo, que mantém inúmeros projetos e polos de EaD espalhados pelo país, temos:

> Após o encerramento da aplicação dos questionários, é definido o período e os níveis de acesso aos resultados. "A liberação do acesso se dá através do Portal do Aluno e da distribuição de *logins* e senhas aos monitores, professores tutores e demais agentes envolvidos com a etapa de análise dos dados. Os alunos também têm acesso aos resultados do seu curso e do seu polo." (Azevedo e Sathler, p. 7).

Nessa fase, a instituição distribui material informativo com o objetivo de esclarecer e motivar os alunos com relação ao acesso dos resultados.

A partir da análise dos dados, cada agente elabora uma síntese que irá subsidiar propostas de ações de melhorias ou de revisões de projetos internos e políticas institucionais.

Podem-se identificar as várias etapas apresentadas por Moresin, esse exemplo real de uma instituição, partindo da coleta de dados até as propostas e decisões, ressaltando a importância da avaliação.

3. Palavras finais

Para concluir esta unidade, fazem-se necessárias algumas considerações sobre a avaliação da aprendizagem e a avaliação institucional, conforme o que segue:

- A primeira observação é referente à amplitude da avaliação por todo o processo ensino-aprendizagem. Encontram-se em Guarezi e Matos (2009), as palavras que indicam essa amplitude quando escrevem que "a avaliação deve ser facilitadora da construção dos conhecimentos e propulsora de melhorias não somente no aluno, mas no professor e na estrutura do modelo de um curso como um todo." (p.127).

Parece fácil praticar esse conceito, mas, historicamente, na realidade, ainda é difícil, em muitos casos, que o professor aceite a ideia de que, ao avaliar o aluno, ele também está sendo avaliado, pois o processo não é somente de aprendizagem, mas de ensino-aprendizagem. O exercício rotineiro da avaliação parece se restringir ao aprendiz. Essa prática necessita de exercício constante na área educacional.

- A segunda observação trata do uso dos resultados do processo avaliativo como algo fundamental. A identificação das causas determinantes dos resultados torna-se um exercício complexo e reflexivo, fazendo com que a avaliação assuma uma função diagnóstica. Ela será responsável pela alimentação do processo de decisão e de retroalimentação da prática pedagógica.

A avaliação institucional é essencial ao processo de planejamento e gestão, que se caracteriza pela promoção de mudanças. Ressaltam-se também, nesse processo, a participação da comunidade e a clareza dos objetivos. Essas estratégias farão com que a avaliação seja legitimada e os atores nela envolvidos se comprometam na fundamentação do processo de decisão. Dessa forma, será possível buscar alternativas, corrigir rumos e transformar a realidade.

- A terceira observação diz respeito aos "Marcos de Referência para o Sucesso" na Educação a Distância Baseada na Internet. Trata-se de um estudo realizado pelo *Higher Education and Policy*, dos Estados Unidos, no ano 2000, para identificar um conjunto de fatores (marcos de referência) que poderiam ser utilizados para avaliar a qualidade da educação on-line.

Esse estudo envolveu seis instituições norte-americanas que possuíam o ensino a distância, analisando 45 fatores e retirando 24 para compor o Marco Referencial. Moore e Kearsley (p. 219) publicaram um resumo desse estudo do qual se reproduz, em seguida, o tópico relativo à Avaliação:

Marcos de Referência da Avaliação

22. A eficácia educacional do programa e o processo de ensino/aprendizagem são analisados por meio de um processo de avaliação que utiliza diversos métodos e aplica padrões específicos.

23. Dados sobre matrículas, cursos e usos bem-sucedidos/inovadores da tecnologia são adotados para avaliar a eficácia do programa.

24. Os resultados almejados do aprendizado são revisados regularmente para assegurar clareza, funcionalidade e adequação.

O relatório completo do estudo está disponível em: http://www.ihep.com/Pubs/PDF/Quality.pdf

Nos "Marcos de Referência da Avaliação" encontram-se as diretrizes básicas para o desenvolvimento desse processo, vindo ao encontro do que foi proposto neste curso: diversos métodos e padrões específicos para avaliar o processo ensino-aprendizagem; dados retirados do funcionamento dos cursos para sua avaliação; e revisão de resultados na busca de melhorias.

Finaliza-se esta disciplina com a esperança de bons resultados na avaliação e no desenvolvimento da EaD, valorizando o processo avaliativo, a reflexão estratégica, como um dos mais importantes do setor educacional.

"Hoje, não se pode passar ao lado de uma reflexão estratégica, centrada nos estabelecimentos de ensino e nos seus projetos, porque é aqui que os desafios começam e importa agarrá-los com utopia e realismo." (AntonioNóvoa, p. 8).

Glossário – Unidade 4

Concepção classificatória – Concepção da Educação que utiliza as avaliações apenas para classificar os estudantes, por exemplo, aprovando ou reprovando, dependendo das notas que eles obtêm.

Concepção mediadora – Concepção da Educação baseada na avaliação mediadora: "um processo de permanente troca de mensagens e de significados, num processo interativo, dialógico, espaço de encontro e de confronto de ideias entre educador e educando em busca de patamares qualitativamente superiores de saber." (J. Hoffmann, p. 78).

Dados – São elementos observados, coletados, experimentados e acumulados que, após serem organizados, estruturados e processados, transformam-se em informação. (Y. Cortelazzo, p. 180).

Design instrucional – Envolve o planejamento e a produção de materiais instrucionais, não necessariamente apenas para EaD. (J. Mattar, p. 185).

Informação – É uma coletânea de dados processados segundo a abordagem e o ponto de vista de quem processa (Y. Cortelazzo, p. 180).

Instrutores – Especialistas em aprendizado que interagem com os alunos por meio de tecnologia, à medida que aprendem o conteúdo de programas que podem ser criados por uma equipe ou pelos próprios instrutores. (Moore e Kearsley, p. 351).

Materiais instrucionais – Materiais que são produzidos e utilizados para a instrução dos alunos.

Mídia – Mensagens distribuídas por meio de tecnologia, principalmente textos de livros, guias de estudo e redes de computadores; som em fitas de áudio e por transmissão; imagens em videoteipes e por transmissão; e texto, som e/ou imagens em uma teleconferência. (Moore e Kearsley, p. 355).

Paradigma – Modelo, conjunto de ideias, conceitos e características que identificam um contexto. (Y. Cortelazzo, p. 181).

Processo multirreferenciado – Processo que foi objeto de muitas referências, tomado como ponto de referência.

Referências

AMARAL, Marco Antonio, ASSIS, Kleine Karol, BARROS, Gilian Cristina. *Avaliação na EaD: Contextualizando uma experiência do uso de instrumentos com vistas à aprendizagem*. IX Congresso Nacional de Educação Educere e III Encontro Sul Brasileiro de Psicopedagogia, 26 a 29 de outubro de 2009, PUC-PR.

ARÉTIO, Lorenzo Garcia. Educación a distancia hoy. Madrid: UNED, 1994 *Apud* SANAVRIA, Cláudio Zarate. *A Avaliação da Aprendizagem na Educação a Distância: concepções e práticas de professores de ensino superior*. Tese de Doutorado. Universidade Católica Dom Bosco. Campo Grande, MS, 2008, disponível em http://www3.ucdb.br/mestrados/arquivos/dissert/535.pdf.Acesso em 26 de abr.2015.

AZEVEDO, Adriana Barroso e SATHLER, Luciano.Avaliação Institucional – relevância e usos na EaD. Relato de experiência. Universidade Metodista de São Paulo, 2008. Disponível em http://www.abed.org.br/congresso2008/tc/552008124132PM.pdfacessado em 4/05/2015.

BIAGIOTTI, Luiz Cláudio Medeiros. Conhecendo e aplicando rubricas em avaliações. Diretoria de Ensino da Marinha. Rio de Janeiro, 2005.

BOULMETIS, John e DUTWIN, Phyllis.*The ABC of evaluation: timeless techniques for program and Project managers*. 2nd ed. São Francisco: Jossey-Bass, 2005 *Apud* MATTAR, João. *Tutoria e interação em Educação a distância*. São Paulo: Cengage Learning, 2012.

BRASIL, Ministério da Educação e Cultura. Decreto N° 5622/2005. Acesso em 01 de abr. 2015. Disponível em:

BRASIL, Ministério da Educação. *Referenciais de Qualidade para Educação Superior a Distância*. Secretaria de Educação a Distância. Brasília: Agosto,2007 disponível em:http://portal.mec.gov.br/seed/arquivos/pdf/legislacao/refead1.pdf - acessado em 29/04/2015.

CAMPOS, F. C. A. et al. *Cooperação e aprendizagem on-line*. Rio de Janeiro: DP&A, 2003. 167p.

CORTELAZZO, Iolanda Bueno de Camargo. Prática Pedagógica, aprendizagem e avaliação em Educação a Distância. Curitiba: Ibpex, 2010.

Cortelazzo, Iolanda Bueno de Camargo. *Prática pedagógica, aprendizagem e avaliação em Educação a Distância*. Curitiba: Ibpex, 2010.

FUKS, Hugo, CUNHA, Leonardo Magela, GEROSA, Marco Aurélio e LUCENA, Carlos José Pereira de. *Participação e avaliação no ambiente virtual AulaNet da PUC-Rio*. In SILVA, Marco (org.). *Educação online – teorias, práticas, legislação, formação corporativa*. São Paulo: Edições Loyola, 2003.

GIL, Antonio Carlos. Didática do Ensino Superior. São Paulo: Atlas, 2006.

GIL, Antonio Carlos. *Didática do Ensino Superior*. São Paulo: Ed. Atlas, 2006.

GUAREZI, Rita de Cássia e MATOS, Márcia Maria. *Educação a distância sem segredos*. Curitiba: Editora Ibpex, 2009.

Guarezi, Rita de Cássia Menegaz e Matos, *Márcia Maria. Educação a distância sem segredos*.Curitiba: EditorsIbpex, 2009.

GUSSOI, Sandra de Fátima Krüger. *O Tutor – Professor e a Avaliação da Aprendizagem no Ensino a Distância* In *Ensaios Pedagógicos: Revista Eletrônica do Curso de Pedagogia das Faculdades* OPET –N° 2, Nov. 2009. ISSN 2175 1773, disponível em http://www.opet.com.br/faculdade/revista-pedagogia/edicao-n2.php.Acesso em 26 de abr. 2015.

HOFFMANN, Jussara. Avaliação: Mito e desafio: uma perspectiva construtivista. Porto Alegre: Editora Mediação, 1998.

HOFFMANN, Jussara. *Avaliar – respeitar primeiro, educar depois*. Porto Alegre: Mediação, 2008.

HOFFMANN, Jussara. *Avaliar para promover – As setas do caminho*. Porto Alegre: Mediação, 2004.

HOFFMANN, Jussara. *Avaliar para promover – As setas do caminho*.Porto Alegre: Ed. Mediação, 2004.

HOFFMANN, Jussara. Avaliar para promover: as setas do caminho. Porto Alegre: Ed. Mediação, 2001.

http://revistaescola.abril.com.br/formacao/avaliacao-aprendizagem-427861.shtml. Acesso em 24 de abr. 2015.

http://www.planalto.gov.br/ccivil_03/_Ato2004-2006/2005/Decreto/D5622.htm

http://www.scielo.br/pdf/ci/v29n1/v29n1a2.pdfacessado em 4/05/2015

LAMEZA, Jacqueline de Oliveira. O tutor a distância e a mediação eficaz de fóruns de discussão avaliativos. São Paulo – SP – Maio/2013 - UNISA) – disponível em: http://www.abed.org.br/congresso2013/cd/314.pdf- acessado em 30/04/2015

LUCKESI, Cipriano. Avaliação da aprendizagem – visão geral. Entrevista a Paulo Camargo, 2005. Acesso em 23 de mar. 2015. Disponível em: http://www.luckesi.com.br/textos/art_avaliacao/art_avaliacao_entrev_paulo_camargo2005.pdf

MAIA, Carmem e MATTAR, João. *ABC da EaD – A educação a distância hoje*. São Paulo: Pearson Prentice Hall, 2007.

MAIA, Marta de Campos, MENDONÇA, Ana Lúcia, GÓES, Paulo. Metodologia de Ensino e Avaliação da Aprendizagem. Relato de Projeto. FGV – SP, 2005.

MATTAR, João e MAIA, Carmem. ABC da EaD. São Paulo: Pearson Prentice Hall, 2007.

MATTAR, João. *ABC da EaD – A educação a distância hoje*. São Paulo: Pearson Prentice Hall, 2007.

MATTAR, João. Tutoria e Interação em Educação a Distância. São Paulo: Cengage Learning, 2012.

MATTAR, João. *Tutoria e Interação em Educação a Distância*. São Paulo: Cengage Learning, 2012.

MATTAR, João. *Tutoria e interação em Educação a distância*. São Paulo: Cengage Learning, 2012.

MOORE, Michael e KEARSLEY, Greg. Educação a Distância – Uma visão integrada. São Paulo: Thomson Learning, 2007.

MOORE, Michael e KEARSLEY, Greg. Educação a Distância: uma visão integrada. São Paulo: Thomson Learning, 2007.

MOORE, Michael e KEARSLEY, Greg.*Educação a distância – Uma visão integrada*. São Paulo: Thomson Learning, 2007.

MOORE, Michael e KEARSLEY, Greg.*Educação a distância – Uma visão integrada*. São Paulo: Thomson Learning, 2007.

MORESI, Eduardo Amadeu Dutra. Delineando o valor do sistema de informações de uma organização *In*Ci. Inf., Brasília, v. 29, n.1, p. 14-24, jan/abr. 2000 disponível em

MORETTO, Vasco. *Prova – um momento privilegiado de estudo, não um acerto de contas*. Rio de Janeiro: Ed. Dp&a, 2002.

NÓVOA, António. Para uma análise das instituições escolares. 1999. Disponível em http://www.escolabarao.com.br/pdf/texto2/files/publication.pdf - acessado em 3/05/2015.

NUNES, Renata Cristina. *A avaliação em Educação a Distância é inovadora? Uma reflexão*. In *Revista Estudos de Avaliação Educacional*, São Paulo, v. 23, n. 52, p. 274-299, maio/ago. 2012.

NUNZIATI, Geoegette. Pour construireundispositifd´évaluationformatrice. CahiersPedagogiques, 280, pp. 47-62, 1990 *Apud*BARBOSA, João eALAIZ,Vitor. *Explicitação de Critérios - exigência fundamental de uma avaliação ao serviço da aprendizagem*In: "Pensar avaliação, melhorar a aprendizagem". Lisboa: IIE, 1994

Revista Escola, Ed. Abril, *A avaliação deve orientar a aprendizagem.*Disponível em

ROCHA, Annelay, *A Avaliação em Cursos de Formação de Professores aDistância*, Universidade Federal da Bahía, 2009 disponível emhttp://www.anpae.org.br/congressos_antigos/simposio2009/39.pdf - acessado em 29/04/2015.

RUHE, Valerie e ZUMBO, Bruno d. *Avaliação de Educação a distância e e-learning.* Porto Alegre: Penso, 2013.

SACRISTÁN, Gimeno J. e Gómez A.I. Pérez. Compreender e transformar o ensino. Porto Alegre: Artmed, 2010.

SANAVRIA, Cláudio Zarate. A Avaliação da Aprendizagem na Educação a Distância: concepções e práticas de professores de ensino superior. Tese de Doutorado. Universidade Católica Dom Bosco. Campo Grande, MS, 2008. Acesso em 1 de abr. 2015. Disponível em http://www3.ucdb.br/mestrados/arquivos/dissert/535.pdf

SILVA, Marco (Org.). *Educação online – teorias, práticas, legislação, formação corporativa.*São Paulo: Edições Loyola, 2003.

SMITH, PatriciaL.e RAGAN, Tilman J. *Instructional design.* 3rd ed. Hiboken, NJ: John Wiley& Sons,2005 *Apud* MATTAR, João. *Tutoria e interação em Educação a distância.* São Paulo: Cengage Learning, 2012.

VARELLA, Maria da Conceição Bezerra e SBRUSSI, Márcia de Paula Brilhante. Avaliação Reflexiva e Portfólio: diálogo interdisciplinar no ensino superior *In* FARIA, Tereza Cristina Leandro (org.). Natal (RN): Infinita Imagem, 2010.

VARELLA, Maria da Conceição Bezerra e SBRUSSI, Márcia de Paula Brilhante. *Avaliação Reflexiva e Portfólio.* In FARIA, Tereza Cristina Leandro de & Colaboradores. *Práticas Pedagógicas em Debate: Relatos e Experiências.* Natal (RN): Infinita Imagem, 2010.

Márcia Gallo

Mestre em Educação pela Universidade Católica de São Paulo, atualmente é docente na Universidade Municipal de São Caetano do Sul-SP. Tem experiência na docência de Ensino Superior na Área das Ciências Humanas e EAD e é palestrante, abordando principalmente os temas gestão escolar, parceria família-escola, projetos educacionais e formação de professores.

Impresso por
META
www.metabrasil.com.br